民机面向对象软件编程(C++)安全风险分析

张 涛 成 静 陈长胜
范祥辉 汪克念 李国栋 著
马春燕

西北工业大学出版社
西 安

图书在版编目(CIP)数据

民机面向对象(C++)软件编程安全风险分析 / 张涛等著. — 西安 :西北工业大学出版社，2022.3
ISBN 978-7-5612-6797-4

Ⅰ.①民… Ⅱ.①张… Ⅲ.①C++语言-程序设计 Ⅳ.①TP312.8

中国版本图书馆 CIP 数据核字(2022)第 034666 号

MINJI MIANXIANG DUIXIANG RUANJIAN BIANCHENG (C++) ANQUAN FENGXIAN FENXI

民机面向对象软件编程(C++)安全风险分析

责任编辑：付高明　杨丽云　　**策划编辑**：付高明
责任校对：朱晓娟　　**装帧设计**：李　飞
出版发行：西北工业大学出版社
通信地址：西安市友谊西路 127 号　　邮编：710072
电　　话：(029)88491757，88493844
网　　址：www.nwpup.com
印 刷 者：西安五星印刷有限公司
开　　本：787 mm×1 092 mm　1/16
印　　张：11.75
字　　数：308 千字
版　　次：2022 年 3 月第 1 版　2022 年 3 月第 1 次印刷
定　　价：60.00 元

前　言

随着民用航空业的快速发展，机载软件需求的不断增加，软件的规模与复杂度急剧攀升，在保证安全可靠基础之上，对机载软件开发效率、可复用性、可扩展性、可维护性等提出了更高要求。以C++语言为代表的面向对象程序，以对象为中心，采用类、继承、多态等高级机制，支持机载软件的高效设计开发。与传统结构化软件相比，面向对象软件具有模块化、可重用性、灵活性和扩展性等明显优点。在机载软件适航审定DO178-C系列标准的DO-332文件中，C++语言被正式确定为机载嵌入式软件开发的主流程序语言。

C++语言具有继承、多态、强制类型转换、动态内存、组合类、模板等多种高级特性，这在方便C++程序开发的同时，也会因为误用带来诸多潜在的软件安全风险。本书基于对DO-332标准的理解，通过深入剖析C++语言特性，分析潜在的程序安全风险，给出风险检测与规避措施，为C++语言程序在民机安全关键机载软件的应用提供帮助。

本书内容包括序言、类的封装与继承、多态性、类型强制转换、静态成员、异常管理、内存管理、组合类、模板、标准类库、运行时错误等。

本书获得国家民机专项课题支持，由西北工业大学、中国民航大学、中国航空西安计算技术研究所、中国航空西安飞机设计研究院、西安工业大学等单位共同完成。其中，张涛、马春燕撰写第1章，张涛撰写第2章、第3章、第4章，成静撰写第5章，陈长胜、范祥辉撰写第6章，汪克念撰写第7章、第8章、第9章、第10章，李国栋撰写第11章，成静整理附录。全书由张涛审校、统稿。

在撰写本书的过程中，参阅了相关文献资料，在此谨对其作者表示感谢。

由于水平有限，书中的不妥之处在所难免，敬请广大读者批评指正。

张　涛

2021年6月于西北工业大学

目　　录

第1章　序　言

1.1　面向对象C++语言编程概述

随着民用航空行业的快速发展，对航空应用软件的需求不断增加。民用航空应用软件在保证绝对安全的前提下，更加注重软件效率、开发周期、稳定性、可靠性和用户体验，这对民机软件开发提出了严峻挑战。传统民机软件开发普遍采用“汇编语言+C语言”模式，编程效率低下，容易出错。C++语言作为一种面向对象的高级语言，不仅能够兼容C语言语法，而且能够有效地满足软件快速开发需求，适合开发民机应用软件。同时，C++语言开发软件能够很好地兼容原有的航空系统软件，实现软件的有效复用。

然而，随着DO-178C标准的颁布，面向对象技术将被广泛应用于民机机载软件开发，具有典型面向对象特征的C++语言将成为机载嵌入式软件开发的主流语言。国外已有部分民机软件系统成功地使用了面向对象技术的C++语言，取得了很好的效果，例如美国联合攻击战斗机、喷气发动机控制器等软件开发项目。然而，C++语言在民机系统开发上尚没有形成完整的规范指南，用于指导软件设计与实现。

本书根据面向对象C++语言的特性，分析了其可能存在的安全风险，并对可能出现的安全风险进行了分类，给出了一系列的检测方法以及规避措施，为C++语言在关键系统中的应用提供了参考的标准，为其安全性和完整性提供了保障。

1.2　C++语言面向对象语言特性

C++语言在航空软件开发过程中，所涉及的面向对象特征主要有类的封装与继承、多态性、重载、类型强制转换、静态成员、异常管理、内存管理、组合类、模板、标准类库以及运行时错误等。

(1)封装。封装是通过其数据成员和函数成员的可视性来实现的。

(2)继承。继承是面向对象特征之一，它是指从一个或多个基类中继承数据结构和操作，形成新的派生类的一种机制，面向对象程序设计中的继承机制提供了无限重复利用程序资源的一种途径。

(3)多态性：多态性是指一段程序能够处理多种类型对象的能力。具体地讲，就是对不同对象发出同样的指令时，会根据对象的差异，分别调用不同的方法。

(4)重载。重载就是用相同的标识符(包括函数和运算符)，完成作用不同的一系列操作，编译器根据函数的参数列表或者运算符的操作数和操作类型区分重载操作,程序在编译时就能根据重载的情况确定需要调用的函数。

(5)类型强制转换。类型转换是将数据从一种类型的值映射为另一种类型的值,不同的类型之间允许进行类型转换。类型转换包含隐式和显式两种。

(6)静态成员。静态成员是属于整个类的而不是某个对象,静态成员变量只存储一份,供所有对象所共用,所有对象都可以共享它。使用静态成员变量实现多个对象之间的数据共享不会破坏隐藏的原则,这不仅保证了安全性,而且节省了内存。

(7)异常管理。异常管理是编程语言或计算机硬件里的一种机制,用于处理软件或信息系统中出现的异常状况。

(8)内存管理。内存管理是指软件运行时对计算机内存资源的分配和使用的技术。其最主要的目的是如何高效、快速地分配内存,并且在适当的时候释放和回收内存资源。

(9)组合类。组合类是在一个类里内嵌了其他类对象作为成员,它们之间的关系是一种包含与被包含的关系。

(10)模板。模板是C++支持参数化多态的工具,为类和函数声明一种通用的一般模式,使得类中的数据成员或者成员函数的参数、返回值可以取得任意类型。

(11)标准类库。标准类库是类库和函数的集合,其使用核心语言写成,由C++标准委员会制定,并不断维护更新。

(12)运行时错误。运行时错误是程序在运行过程中,可能出现的各种故障情况。当程序在运行时,如果有一个稍微不同的语言问题出现在已经正确编译的代码中,由于提供给它的是特定数据,所以就会在代码执行过程中会出现错误。

1.3 C++语言软件编程安全风险原因

编程语言均存在潜在的安全风险,难以保证最终的程序行为完全符合程序员本意。与C语言相比较,C++语言引入诸多面向对象特性,使得其安全隐患更为严重。下面简要分析C++语言中的主要安全风险原因。

1.3.1 开发人员出错导致的风险

软件开发的过程中,开发人员水平和风格各异,可能一个简单的输入变量名错误,或者对算法的不理解等,都会导致安全风险。而这种类型的错误与所使用的编程语言有着非常密切的关系。

(1)编程语言的风格和表达能力能够帮助或阻碍程序员对算法的清晰思考。C++语言的编码风格和表达能力强,可以编写布局良好、结构和表达性极强的程序代码,也可以编写非常难以理解的程序代码。显然,后者在安全要求苛刻的民机系统中是不可接受的。

(2)编译器可能检测到也可能检测不到开发人员导致的错误。C++语法比较容易造成拼写错误,但编译可能成功的程序代码。例如,很容易输入“=”(赋值)替代了原本的“==”(逻辑比较),其结果错误,而编译成功。

(3)由于拼写错误把一个有效的构造转化为另一个有效(但是毫无意义的)构造,这对编程语言来说可能很容易,也可能很难。C++语言设计理念是假设开发人员清楚他们在做什么。这可能意味着,即使错误发生,也可能会被编译器忽视,而编译成功。例如,如果程序员试图将浮点数赋值为布尔类型变量,这种类型不匹配会被执行强制类型转换。

1.3.2 开发人员误解语言导致的风险

C++语言的使用过程中容易发生开发人员误解而产生错误的情况。例如,对于操作符的优先级规则是预先定义的,如果开发人员对语言有误解,在一个表达式中可能会出现二义性。

1.3.3 编译器处理与开发人员所期待的处理不一致导致的风险

如果语言有定义不完全或者是不明确的特性,那么开发人员可能会猜想其含义。而如果编译器的实际处理与开发人员猜想不一致,就会导致程序安全风险。C++语言存在较多的未完全定义,不同编译器对其有着不同的实现。甚至在某些情况下,即使在同一个编译器下编译,编译的结果也可能会随着上、下文的不同而不同。

1.3.4 编译器包含的错误导致的风险

程序编译器以及相关的连接器等都是软件工具。编译器、连接器本身可能存在缺陷,导致其可能并未严格遵守程序语言标准,生成错误的编译码。编译器编写者很难做到对C++语言的全面、准确理解,可能会根据自己的理解设计实现编译器程序,导致其与C++语言标准的不一致问题,从而导致安全风险。

1.3.5 运行时错误导致的风险

程序在运行过程中也可能会出现错误,例如参数数据类型错误等。针对这类风险问题,编程语言可以通过建立运行时检查机制,检测可执行代码是否存在错误,并针对检测到的错误进行处理。C++程序的运行态检查能力较差,C++编译器对算术异常(例如除数为零)、溢出、指针地址有效性和数组边界错误等常见运行错误,并不提供运行时检查机制。

1.4 风险类型和规避建议类型

本节根据面向对象安全隐患风险发生的概率和风险的危害程度将风险分为严重级、缺陷级和瑕疵级风险。

(1)严重级风险,指风险危害较大,若出现严重级风险,将会导致严重的后果。

(2)缺陷级风险,指有一定的风险,但可以在充分的论证后,在一定的条件约束下也可以避免,可根据具体的环境谨慎使用。

(3)瑕疵级风险,指有一定的风险,但是风险危害较小,建议规避,若违反,发生风险也不会造成严重的危害的风险。

根据风险的等级,将风险规避建议分为禁用、慎用和建议规避3种。

(1)禁用,风险危害较大,若违反,可能导致严重的后果。

(2)慎用,有风险,必须经过充分的论证,在一定的约束条件下可使用,根据具体的环境谨慎使用。

(3)建议规避,有风险,但风险危害较小,建议规避,若违反,也不会造成严重的危害。

1.5 本章小结

本章对C++面向对象语言常见的安全风险进行了简要分析,对C++语言在航空软件开发领域的应用前景以及所存在的困难进行了研究,同时对面向对象C++编程语言可能出现的安全风险和类型规避建议类型进行了划分,为后续章节设立了参考标准。

第2章　类的封装与继承

2.1　类的封装与继承概述

C＋＋语言不仅继承了C语言中基本数据类型和自定义数据类型的概念，并将自定义数据类型抽象到了一个更高的层次，C＋＋语言中类是一种抽象的数据类型定义。在一个类中，程序员可以按需要定义其数据成员和函数成员。程序主要由这两部分所组成：对数据的描述，以及对所描述数据的操作加工。前者是属性，后者是施加在属性上的行为方法，在C＋＋语言中分别体现为数据成员和函数成员。

在C＋＋语言中，对类的所有成员都规定了访问属性，使得其每个成员都有一定的存取权限，一般分为3种情况，分别通过成员前的保留字来指定。

(1)private(私有)属性。对外不透明，即只能被类定义中的函数成员所访问，在类定义之外不可见。

(2)public(公有)属性。对外完全透明，在类定义之外可以引用。

(3)protected(保护)属性。“半透明”，介于前两者之间，成员只能为该类的成员函数及该类的派生类中的成员函数访问，其他则不可见。

C＋＋语言类的封装是通过其各个成员(包括数据成员和函数成员)的可视性来实现封装的。对象的独立性就是通过封装实现的，将抽象得到的数据成员和函数成员相结合，形成一个统一的有机整体。也就是说，将数据与操作数据的行为进行有机的结合、统一。通过封装，一部分成员作为类与外部的接口，其他成员则被很好地隐蔽起来，以实现对数据访问权限的合理控制，使程序中不同部分之间的相互影响减小到最低。这样可以达到增强安全性和简化程序编写工作的目的。但是在进行封装时，忽略一些细节可能会得到与程序设计者初衷相去甚远的结果，造成一定的风险。

在C＋＋语言的程序设计实践中，往往把类的定义和使用分开。这样，在一个类创建好之后，要使用该类的程序员通过对类进行实例化——声明类的对象来达到使用这个新类的目的。

由于类具有信息隐藏特性，即类对象只知道如何通过定义良好的接口与其他类对象通信，但通常不知道其他类的实现方法，把实现细节隐藏在类中。可以说，C语言是以函数为编程单位的，而C＋＋语言则是以类为编程单位的。一个大的C＋＋语言程序往往就是若干个类的组合。

继承是面向对象特征之一，它是指从一个或多个基类中继承数据结构和操作，形成新的派生类的一种机制，面向对象程序设计中的继承机制提供了无限重复利用程序资源的一种途径。通过C＋＋语言中的继承机制，可以扩充和完善旧的程序设计以适应新的需求，这样不仅可以节省程序开发的时间和资源,并且为未来程序设计增添了新的资源。C++语言支持单一继承(从一个基类的继承)和多重继承(从一个以上基类的继承),形成完善的继承机制。和单一继承相比,多重继承更能提高软件复用率。

2.2 类的封装与继承风险分析

2.2.1 RV0201 数据封装风险

风险描述:C++语言类提供的封装机制能对信息起到有效的隐藏作用,但是并不是非常完美。由于C++语言允许编程人员将指针类型转换为任意数据类型,从而给程序员提供了一个穿越保护屏障的方法。这给程序员在编程实现上提供了很大的自由度,但是同时也带来了相应的安全隐患(见图2-1)。

示例:

```
#include<iostream>
using namespace std;

class example
{
    private:int x,y;
    public:example (int xx,int yy) {x=xx;y=yy;}
    void out()
    {
        cout << "x=" << x << " y=" << y << endl;
    }
};

int main()
{
    example exp2(10,20);
    example * p1=&exp2;
    exp2.out();
    //p1 -> x=200;        //错误,因 x 是私有成员,外部不能直接访问
    int * p2=(int *) p1;  //获取了 exp2.x 的地址
    * p2=30;              //修改 exp2.x 的值
    *(p2+1)=40;           //修改 exp2.y 的值
    exp2.out();
    return 0;
}
```

程序运行结果如下:

```
x=10 y=20
x=30 y=40
```

图2-1 数据封装风险示例代码

案例分析：图 2-1 所示示例中，类 example 共有两个私有的数据成员变量，分别为 x 和 y。可以从该例子中看到，程序员试图通过操作 p1→x 修改私有成员 x 的值被禁止，但利用指向对象 exp2 的指针 p2 却修改了私有成员 x 和 y 的值。其根本原因就是 C++提供了强制类型转换机制，允许将指针类型做任意类型的转换，使得其穿越了对私有成员变量的封装保护，带来了相应的安全风险。

风险类型：C++语法允许，编译通过，属于缺陷级风险，测试可发现。

规避建议：AS0201 慎用。在指针类型转换成其他类型数据时，根据实际的需求谨慎使用，最好禁止将指针类型的数据转换为其他类型的数据。

2.2.2　RV0201 继承的二义性风险

1. 派生类的不同基类有同名的成员

派生类的不同基类有同名的成员，且派生类和基类无同名的成员，在下述两种情况下将出现二义性。

(1)派生类的对象引用同名的基类成员。风险描述：如果派生类的对象引用同名的基类成员，将会造成编译器在编译时无法确认引用的成员是属于哪个基类的风险(见图 2-2)。

示例：

```
class A{
      Protected:int x;
      Public:void f();
……
};
class B{
      Protected:int x;
      Public:void f();
       void g();
……
};
class C:public A,public B{
      Public:void h();
       void k();
……
};

int main()
{
C obj;
obj.x=10;
obj.f();
cout<<obj.x<<obj.f()<<endl;
}
```

图 2-2　派生类的对象引用同名的基类成员示例代码

案例分析:图 2-2 所示示例中,声明一个类 C 的对象 obj,由于类 C 既是类 A 的子类又是类 B 的子类,所以对于表达式 obj. x 和 obj. f()是引用类 A 中的 x,f(),还是引用类 B 中的 x,f(),编译器在编译时无法确定,可能会造成程序混乱,产生风险。

风险类型:C++语法允许,编译通过,属于缺陷型风险,测试可发现。

规避建议:AS0202 慎用。可使用成员限定表达式。

例如,表达式 obj. A::x,obj. A::f()表示引用类 A 中的 x,f(),表达式 obj. B::x,obj. B::f()表示引用类 B 中的 x,f()。

规避建议:AS0203 慎用。使用名字支配原则。

在类 C 中声明一个同名成员数据 x 和同名函数 f(),该名字 f 将支配类 A 及类 B 同名的成员 x,f。这时,表达式 obj. x 和 obj. f()将访问类 C 的 x 和 f()。

(2)在派生类中引用同名的基类成员。风险描述:如果在派生类中引用同名的基类成员,即在派生类中引用了多个基类的同名的成员,这将会给编译器造成无法确认是调用了哪一个基类的成员的风险(见图 2-3)。

示例:

```
class A{
    Protected:int x;
    Public:void f();
    ……
};
class B{
    Protected:int x;
    Public:void f();
    void g();
    ……
};
class C:public A,public B{
    Public:void h();
    void k() {
        f();
        ……
    }
    ……
};
```

图 2-3 派生类中引用同名的基类成员示例代码

案例分析:图 2-3 所示示例中,类 C 继承了类 A 和类 B,类 A、类 B 和类 C 中存在同名函数 f(),在类 C 中,当函数 k()调用函数 f()时,程序到底是调用类 A 的 f()函数还是类 B 的f()函数,编译器在编译时无法确定,可能会产生二义性的风险。

规避建议:AS0202 慎用。使用成员限定表达式。

例如,表达式 obj. A::x,obj. A::f()表示引用类 A 中的 x,f()表达式 obj. B::x,obj. B::f()表示引用类 B 中的 x,f()。

规避建议:AS0203 慎用。使用名字支配原则。

在类 C 中声明一个同名成员数据 x 和同名函数 f()，该名字 f 将支配类 A 及类 B 同名的成员 x，f。这时，表达式 obj. x 和 obj. f()将访问类 C 的 x 和 f()。

2. 派生类的不同基类又有公共的基类

(1)派生类的对象引用公共基类中的成员。风险描述：如果一个派生类有多个父类，而这个派生类的多个父类又有共同的基类，则当派生类的对象引用了公共基类的成员的，将导致编译器无法区分是从哪一个父类继承的成员(见图 2－4)。

示例：

```
class A{
        Public:int a;
        ……
};


class A1:public A{
        Public:int a1;
        ……
};


class A2:public A{
        Public:int a2;
        ……
};


class C:public A1, public A2{
        Public:void f();
        ……
};
```

图 2－4　派生类对象引用公共基类成员示例代码

案例分析：图 2－4 所示示例中，类 C 从两条路径(一条从 A1、一条从 A2)继承了类 A，类 A 的成员在类 C 中将产生两套，因此在访问数据成员时将产生二义性。

```
C c
c.a;
c.A::a
```

图　2－5

声明一个 C 类的对象 c，通过 c. a 以及 c. A::a 访问 a 时，是将访问从 A1 继承来的 a 还是从 A2 继承来的 a，编译器在编译时无法区分(见图 2－5)。

规避建议：AS0202 慎用。使用成员限定表达式。

例如，表达式 obj. A::x，obj. A::f()表示引用类 A 中的 x，f()，表达式 obj. B::x，obj. B::f

()表示引用类 B 中的 x,f()。

规避建议:AS0203 慎用。使用名字支配原则。

在类 C 中声明一个同名成员数据 x 和同名函数 f(),该名字 f 将支配类 A 及类 B 同名的成员 x,f。这时,表达式 obj. x 和 obj. f()将访问类 C 的 x 和 f()。

(2)在派生类中引用公共基类中的成员。风险描述:如果在派生类中引用了其父类的公共基类中的数据成员,而并没有声明是从哪个父类继承而来的,则将导致编译器无法区分是从哪个父类继承而来的成员(见图 2-6)。

示例:

```
c. A1::a //访问从 Al 继承来的 a
c. A2::a //访问从 AZ 继承来的 a
void:C::f(){return a;}
```

图 2-6　派生类……基类成员示例代码

案例分析:图 2-6 所示示例中,return a 语句中,使用 a 是有二义性的,无法区分到底是访问来自 A1 的 a,还是访问来自 A2 的 a。

规避建议:AS0202 慎用。使用成员限定表达式。

使用成员限定表达式可以很好地解决这种二义性风险。例如,C::k()可以这样实现:成员限定表达式明确指出将访问哪个类的成员,这样,就不会给编译器在编译时带来模糊现象,避免出现错误。

3. 在派生类中直接继承基类一次以上

风险描述:如果派生类直接继承基类一次以上,则将会重复继承基类的数据成员,也将会给编译器在编译时带来无法区分的风险(见图 2-7)。

示例:

```
class A{
public:int a;
……
};
class C:public A,public A{
……
};
```

图　2-7

案例分析:图 2-7 所示示例中,类 C 直接继承了类 A 两次,则继承的数据成员是重复的,也会导致二义性问题。

注意:二义性检查是在访问控制检查之前进行的,因此访问控制并不能解决二义性问题(见图 2-8)。

示例：

```
class A {
Public:void fun();
};
class B{
Public:void fun();
};
class C:public A,public B{
……
};
```

图　2－8

表达式 Obj. fun()，obj 是类 C 的对象，对 fun()的访问存在二义性，到底访问的是类 A 的 fun()函数还是类 B 的 fun()函数，无法确定，导致程序出现错误。

规避建议：AS0204 慎用。最好禁止派生类直接继承基类一次以上。

4. 状态定义错误

风险描述：如果派生类在重置了基类的成员函数的时候，定义了基类被重置的成员函数所定义的成员变量，就要保证它与基类对该变量的定义在语义上是等价的，否则会影响其他成员函数的正确行为，导致潜在的行为异常问题(见图 2－9)。

示例：

```
class A{
    public:int a;
    ……
};
class B:public A{
    public:double a;
    ……
};
```

图　2－9

案例分析：图 2－9 所示示例中，派生类 B 重置了基类 A 的数据成员 a，改变了基类中规定的该变量的取值范围，虽然派生类的定义在语法上是正确的，但是在语义上不符合基类的规定，因此就会造成错误。

规避建议：AS0205 慎用。派生类对基类的成员变量或函数进行重定义时，必须保证它与基类对该变量的定义在语义上等价。

2.2.3　RV0203 同一层级的某一基类既是虚基类又是非虚基类风险

风险描述：如果一个基类在多重继承层次中既是虚类型，又是非虚类型，则在派生出来的相应对象中将至少有 2 个该基类的子对象拷贝，这可能出现二义性的风险(见图 2－10)。

示例：

```
class A{};
class B1:public virtual A{};
class B2:public virtual A{};
class B3:public A{};
class C:public B1, B2, B3{};//不符合,类C具有2个子对象A的拷贝
```

图 2-10

案例分析：图2-10所示示例中，由于类B1,B2是对类A的public virtual继承，而类B3是对类A的public继承，类C是对类B1,B2,B3的public继承。因此，对于类C而言，将保有类A的2个子对象拷贝，这样将会造成不必要的冗繁，并隐含造成开发人员误解的危险因素。因此，虽然这段程序在语法上是没有错误的，但是出于程序安全性角度的考虑，这种使用应该被禁止。

风险类型：C++语法允许，编译可通过，运行结果可能与预期不符，属于缺陷级风险，测试可发现。

规避建议：AS0206禁用。必须保证处于同一层级的某一基类要么是虚基类，要么是非虚基类；禁止出现既是虚基类，又是非虚基类的情况，保证程序的安全性。

2.2.4 RV0204 常量类型的成员函数返回非常量类型的指针风险

风险描述：如果一个对象被声明为常量类型的类，只有该类的const成员函数可以被调用。因为只有const成员函数被调用时，能够保证不改变对象的状态。然而，当调用该类对象的常量函数时，可能通过返回指向类数据的非常量指针或者对类数据的引用修改该类的成员值，导致出现与程序员预期不符的安全风险(见图2-11)。

示例：

```
class C
{
public:
C (int & b_):a (new int [ 10 ]),b (b_)
{
  }
int * getA () const              //不符合,返回指向数据的非常量指针
{
return a;
}
int * getB () const              //不符合,返回指向数据的非常量指针
{
return &b;
}
```

图 2-11

```
const int * getC () const //符合,返回指向数据的常量指针
{
return &b;
}
private:
int * a;
int & b;
};

void fun (C const & c)
{
c.getA() [ 0 ]=0;// 修改了类 C 的成员值
* c.getB()= 0;// 修改了类 C 的成员值
fn2(c.getC());      // 使用了类 C 的成员值
* c.getC()=0;// 但是编译器会在这报错
}
```

续图　2-11

案例分析：图 2-11 所示示例中，c 为类 C 的常量引用，成员函数 getA()，getB()，getC()均为类 C 的常量函数，且 getA()，getB()均返回指向数据的非常量指针，getC()返回指向数据的常量指针，从而通过调用这些方法达到了修改类 C 的成员值。

风险类别：C++语法允许，编译通过，属于瑕疵型风险，结果与预期不符，测试可发现。

规避建议：AS0207 建议规避。最好禁止常量类型的成员函数返回非常量类型的指针或引用的数据。

2.2.5　RV0205 成员函数返回类数据的非常量句柄风险

风险描述：如果成员函数返回类数据的非常量句柄，将使得用户可以不经过类的接口而对类的状态进行修改，从而破坏了封装，带来风险(见图 2-12)。

示例：

```
class C
{
public:
int &getA ()// 不符合
{
return a;
}
private:
int a;
};
```

图　2-12

```
void b (C &c)
{
int &a_ref=c.getA();?
a_ref=10; // 外部修改了类的私有成员 a 的值
}
```

续图 2-12

案例分析:图 2-12 所示示例中,c 为类 C 的引用对象,a 为类 C 的私有成员,通过 c.getA()返回对类成员的一个引用,然后由 a_ref 存储和修改。因此,类 C 并不能控制其状态被改变。

风险类型:语法规则允许,编译通过,属于瑕疵级风险,使用将会破坏原有数据的封装,带来安全风险,建议谨慎使用。

规避建议:AS0208 慎用。建议根据具体情况谨慎使用,最好禁止成员函数返回对于类数据的非常量的句柄。

2.2.6 RV0206 未将无须修改的成员函数声明 static 或 const 类型风险

风险描述:如果没有将不需要进行修改的成员函数声明为 static 或者 const 类型时,可能无法避免对非静态数据成员的访问,从而导致在无意识的情况下修改了数据成员的值,造成数据不安全的风险(见图 2-13)。

示例:

```
class A
{
public:
int f1()
{
return m_i;
}
int f2()
{
return m_s;
}
int f3()
{
return ++m_i;
}
private:
int m_i;
static int m_s;
};
```

图 2-13

案例分析：图 2－13 所示示例中，由于没有将类 A 的成员 m_i 声明为 static 或者 const 类型，所以函数 f3 通过操作＋＋m_i 便可以修改类 A 的私有成员 m_i 的值，违反封装性，导致发生与程序员预期不符的结果。

风险类型：C＋＋语法允许，编译通过，属于瑕疵级风险，测试可发现。

规避建议：AS0209 慎用。将无需修改的成员函数声明为 static 或 const 类型。

2.2.7　RV0207 构造函数或析构函数体内调用对象的动态类型风险

风险描述：在对象的构造和析构过程中，最终类型可能会与完整构造的对象不一样。在构造函数或者析构函数中使用对象的动态类型，将可能导致与开发人员的预期不一致的结果，出现二义性风险（见图 2－14）。

示例：

```
class B1
{
public:
B1()
{
Typeid(B1);
}
};

class B2
{
public:
virtual ~B2 ();
virtual void foo ();
B2 ()
{
typeid (B2);
B2::foo () ;
foo ();
dynamic_cast<B2 * >(this);
}
};
```

图　2－14

案例分析：图 2－14 所示示例中出现的虚函数，对虚函数的调用以及 dynamic_cast，这些对象的动态使用将可能导致最终的类型与完整的构造类型不一致。

风险类型：C＋＋语法允许，编译可通过，属于缺陷级风险，测试可发现。

规避建议：AS0210 慎用。根据具体的环境谨慎使用，最好禁止在构造函数和析构函数中调用对象的动态类型。

2.2.8 RV0208 拷贝构造函数初始化类的成员变量的风险

风险描述:拷贝构造函数只允许对基类,以及它所在类的非静态成员进行初始化。拷贝构造函数是一种特殊的构造函数,其形参是本类对象的引用。其作用是使用1个已经存在的对象(由拷贝构造函数的参数指定的对象)去初始化1个新的同类的对象。拷贝构造函数初始化除基类及其所在类的非静态成员以外的其他成员,将直接导致程序的不可预测性,带来安全隐患。

如果编译器发现某个对拷贝构造函数的调用是冗余的,可能忽略该函数调用。即使拷贝构造函数在构造对象之外还有其他功能,也不例外。这称作拷贝省略。因此当修改程序状态的次数不能确定时,必须确保不使用拷贝构造函数修改程序的状态(见图2-15)。

示例:

```
class A
{
public:
A (A const &rhs):m_i (rhs . m_ i)
{
++m_static; //不符合
}
private:
int32_t m_i ;
static int32_t m_static ;
};

int32_t A::m_static =0 ;
A f()
{
return A();
}
void b()
{
A a=f();
}
```

图 2-15

案例分析:图2-15所示示例中,在所有函数调用之后,m_static的数值可能根据编译器策略决定,具有不确定性。

风险类型:编译发现,属于缺陷级风险。

规避建议:AS0211 慎用。拷贝构造函数只允许对基类以及它所在类的非静态成员进行初始化。

2.2.9　RV0209 在非菱形结构中将基类声明为虚基类风险

风险描述：虚基类会引入许多未定义和容易令人混淆的特性。因此，只有当该基类在菱形继承结构中作为公共基类时，才可以将其声明为虚基类（见图 2－16）。

示例：

```
class A()；
class B1：public virtual A{}；
class B2：public virtual A{}；
class C：public B1，B2{}；          //符合，A 是 C 的公共基类
class D：public virtual A{}；      //不符合
```

图　2－16

案例分析：图 2－16 所示示例中，对于 C 而言，有两个父类 B1，B2，有 1 个祖父类 A，从而 A，B1，B2，C 构成了典型的菱形结构。

使用了虚基类的菱形结构里，对象的内存布局中只有 1 个 A，即祖父类的部分只有 1 份，且放在最后面，排放顺序是 B1＋B2＋C＋A。如果没有用虚继承机制，那么在 C 对象的内存布局中会出现 2 份 A 部分，这也就是所谓的 V 型继承。相应的对象布局为 A＋B1＋A＋B2＋C。在 V 型继承中不能直接从 C（即孙子类）直接转型到 A（即祖父类），因为在对象的布局中有 2 份祖父类的实体，分别从 B1，B2 而来。编译器会存在二义性，它不知道转型后到底用哪一份实体。可以通过先转型到某一父类，然后再转型到祖父类来解决。但使用这种方法时，如果改写了祖父类的成员变量的内容，不会同步 2 个祖父类实体的状态，因此可能会有语义错误。

风险类型：C＋＋语法允许，编译通过，属于缺陷级风险，测试可发现。

规避建议：AS0212 慎用。根据程序的具体情况谨慎使用，只有在菱形结构中才允许将基类声明为虚基类，其他结构中禁止将基类声明为虚基类。

2.2.10　RV0210 多继承层级中可访问实体名称混淆风险

风险描述：在多继承层级中，可访问的实体名称应该是相互独立、不同的。如果名称含糊不清，编译器将报告名称冲突，同时可能会生成不符合预期的编译代码，产生与程序员预期不符的结果，存在二义性风险（见图 2－17）。

示例：

```
class B1{
public：
    int count；          //不符合
    void foo()；         //不符合
}；
```

图　2－17

```
class B2{
public:
    int count;          //不符合
    void foo();         //不符合
};

class D:public B1,public B2{
public:
    void Bar(){
      ++ count;         //是 B1::count 还是 B2::count?
      foo();            //是 B1::foo()还是 B2::foo()?
    }
};
```

续图 2-17

案例分析:在图 2-17 所示示例中定义 D 时,无法分辨成员中的 count 和 foo()到底来自 B1 还是 B2,造成了困扰。

代码重用的目的是按不同方式重复使用代码来实现类、结构、函数等,这就要求代码必须是通用的,且通用代码不受使用数据类型和操作的影响,即无论使用什么数据类型,通用代码都是不变的。

风险类型:编译发现,属于缺陷级风险。

规避建议:AS0213 慎用。根据具体的情况谨慎使用,必须保证在多继承层级中,可访问实体名称保持独立,不能混淆。

2.3 风险规避建议

规避建议:AS0201 慎用。在指针类型转换成其他类型数据时,根据实际的需求谨慎使用,最好禁止将指针类型的数据转换为其他类型的数据。

规避建议:AS0202 慎用。使用成员限定表达式。

规避建议:AS0203 慎用。使用名字支配原则。

规避建议:AS0204 慎用。最好能禁止派生类直接继承基类一次以上。

规避建议:AS0205 慎用。派生类对基类的成员变量或函数进行重定义时,必须保证它与基类对该变量的定义在语义上等价。

规避建议:AS0206 慎用。必须保证处于同一层级的某一基类要么是虚基类,要么是非虚基类;禁止出现既是虚基类,又是非虚基类的情况,保证程序的安全性。

规避建议:AS0207 建议规避。最好禁止常量类型的成员函数返回非常量类型的指针或引用的数据。

规避建议:AS0208 慎用。最好禁止成员函数返回对于类数据的非常量的句柄。

规避建议:AS0209 慎用。将无须修改的成员函数声明为 static 或 const 类型。

规避建议：AS0210 慎用。对象的动态类型不允许在其构造函数或者析构函数体内被调用。

规避建议：AS0211 慎用。拷贝构造函数只允许对基类以及它所在类的非静态成员进行初始化。

规避建议：AS0212 慎用。只有在菱形结构中才允许将基类声明为虚基类，其他结构中禁止将基类声明为虚基类。

规避建议：AS0213 慎用。在多继承层级中，可访问实体名称必须独立，不能混淆。

2.4 本章小结

本章对 C＋＋面向对象语言在开发航空软件时，类的封装与继承法方面可能出现的安全风险问题进行了分析，并通过实际的案例对可能出现的风险进行预估和分析描述；针对可能存在的安全风险，通过对每一种风险设计安全漏洞实例，具体分析和讨论这些安全风险产生的原因及特点，并给出安全编程规避策略。

第3章 多 态 性

3.1 多态性概述

多态(Polymorphism)字面的意思就是“多种状态”。多态性是面向对象语言中,继数据抽象和继承之后的另一个基本特征。在C++语言中,多态性是指可以用同一名字定义功能相近的不同函数。因此,多态性又称为“同一接口,多种方法”。从广义上说,多态性是指一段程序能够处理多种类型对象的能力。具体地讲,多态性就是对不同对象发出同样的指令时,会根据对象的差异,分别调用不同的方法。

在面向对象编程语言中,多态是通过接口的多种不同的实现方式来实现的。多态性是允许将父类对象设置成为一个或多个对等子对象的技术,通过不同的赋值,父对象就可以根据当前赋值和子对象的特性,以不同的方式运行。简单地说,就是允许将子类类型的指针赋值给父类类型的指针。

C++语言用函数重载和运算符重载来实现编译时的多态性,用派生类和虚函数来支持运行时的多态性。C++语言通过为函数和运算符创建附加定义而使它们的名字可以重载。运算符重载支持类型扩展,允许用户在程序设计环境中增加新的数据类型,这也是C++语言的重要特性之一。

3.2 多态性的风险分析

C++语言的多态性,不仅能够改善代码的组织结构和可读性,还能够创建扩展程序,使设计程序的运行方式变得更加灵活多样。但同样也会带来一些暗藏的风险问题。这些隐藏的风险可能会通过编译检查,导致不可预测的运行结果,或者背离编程者初衷,导致程序混乱不堪,产生较大的风险。为了规避这些风险,C++语言推荐了一些编程规则。这些规则能够帮助程序员更加安全地实现多态性,充分体现C++语言相比于传统C语言的优势。

C++语言通过重载和虚函数实现多态性。重载就是用相同的标识符(包括函数和运算符),完成作用不同的一系列操作,编译器根据函数的参数列表或者运算符的操作数和操作类型区分重载操作,程序在编译时就能根据重载的情况确定需要调用的函数。重载是C++编译时的多态性体现。

虚函数是指被 virtual 关键字修饰的成员函数，用于实现多态性，达到接口与实现分离的目的。在程序执行前，程序无法根据函数名和参数来确定调用哪个函数，必须在程序执行过程中，根据执行的具体情况来动态确定。虚函数的使用是C++运行时的多态性体现。

重载作为C++语言最重要的特性，为C++语言编程带来便利的同时，也带来潜在的二义性(又称作歧义性)问题。二义性问题会给程序带来严重的风险。重载的二义性问题包括函数重载的二义性问题和运算符重载的二义性问题。当编译器面对两个或更多个同名函数而不知道如何选择时，就会产生二义性问题。

关于函数重载二义性问题可能的风险包括以下几种：

(1)重载函数自动类型转换的风险；

(2)重载函数使用缺省变量值的风险；

(3)使用引用参数和传值调用参数重载函数的风险。

另外，重载还在运算符重载方面有一些其他的风险。运算符重载是C++语言定义对于某个类的运算符的特定含义。通过运算符重载，程序员可以针对不同的数据类型使用不同含义的重载运算符。但是在实际使用中，不严谨的运算符重载行为具有一定的风险，可能导致未知的软件安全性问题。

关于重载运算符可能的风险有以下两种：

(1)逗号(,)，与(&&)以及或(||)运算符重载的风险；

(2)单目运算符 & 重载的风险。

虚函数是C++语言中一类特殊的函数。在基类中定义一个虚函数，就说明该函数在派生类中可能有不同的实现方式。当派生类的实例调用这个虚函数时，首先会在派生类中去查看该函数有没有被定义。如果派生类定义了这个函数，则执行派生类的函数；否则，在派生路径上寻找最近的该函数的定义，并调用该函数。如果从基类派生出多个派生类，那么每个派生类都可以重新定义这个虚函数。如果通过基类的指针指向派生类的对象，并访问该虚函数，会对应地调用每个派生类的函数定义。这样通过基类类型的指针，就可以使属于不同派生类的对象产生不同的行为，从而实现了运行过程的多态。虚函数使用不严谨也将导致风险。

关于虚函数使用可能的风险包括以下几种：

(1)虚函数按优先度调用风险；

(2)声明重载虚函数的风险；

(3)纯虚函数重载的风险。

3.2.1 RV0301 重载函数自动类型转换的风险

风险描述：C++语言可以自动地把调用函数的变量类型转换为与该函数内定义一致的参数类型。由于C++语言中几乎没有类型不能被转换，当使用与参数类型相兼容的变量来调用函数时，该变量的类型会自动地转换到所要求的类型。当某一参数类型同时适用于多个重载的函数时，编译器将无法进行选择，程序在编译时将会报错(见图3-1)。

示例:

```
#include<iostream>
using namespace std;
class A {
    public:virtual void fun();
};

class B:public A {
    void fun(float i) {
        cout << "hello" << i << endl;
    }
    void fun(double i) {
        cout << "bye" << i << endl;
    }
};

int main() {
    B b;
    b.fun(30);                    //错误:调用 fun()函数时产生二义性
    return 0;
}
```

图 3-1 自动类型转换风险的示例代码

案例分析:图 3-1 所示示例中,A 类声明了虚函数fun();B 类继承 A 类并将虚函数 fun()分别重载为 fun(float i)和 fun(double i)。从语法上讲,这样的重载是被允许的。此时,如果在 main 函数中调用 fun()函数并将内部参数赋为小数,C++将会优先调用重载函数fun(double i)。但是当 fun()的参数是整形时,如示例中表示的 30,C++会对 30 进行强制转换,使 fun()匹配 b 中的重载函数,但此时编译器是无法理解 30 应该转换成 double 型或者float 型。在编译的时候编译器就会报告二义性错误。

风险分类:编译发现,属于缺陷级风险。

规避建议:AS0301 慎用。根据具体的情况谨慎使用,最好在使用的过程中都能明确其数据类型,禁止变量的自动类型转换,所有用到的数据都为其设定具体的数据类型。

3.2.2 RV0302 重载函数使用缺省变量值的风险

风险描述:C++能够给函数指定缺省变量值。使用缺省变量值能够减少要定义的析构函数、方法以及方法重载的数量。当调用重载函数时,具有缺省变量值的重载函数可能会与其他重载函数发生冲突,编译器将无法做出选择,编译时会报错(见图 3-2)。

示例:

```
#include<iostream>
using namespace std;
class A {
    public:virtual void fun();
};

class B:public A {
    public:
  void fun(int i) {
        cout << "hello" << i << endl;
    }
    void fun(int i,int j=0) {
        cout << "bye" << i << endl;
    }
};

int main() {
    B b;
    b.fun(30,20);
    b.fun(30);              //错误:调用fun()函数时产生二义性
    return 0;
}
```

图3-2　使用缺省变量值风险的示例代码

案例分析:图3-2所示示例中,A类声明了虚函数fun();B类继承A类并将虚函数fun()分别重载为fun(int i)和fun(int i,int j=0)。从语法上讲,这样的重载是被允许的。当main函数调用fun时,如果给定fun参数为30,20,编译器会调用重载函数fun(int i,int j=0)。但如果给定参数为30时,此时fun(30)将同时适用于fun(int i)和fun(int i,int j=0)。编译器此时无法匹配fun(30),编译时将报告二义性错误。

风险类型:编译发现,属于瑕疵级风险。

规避建议:AS0302建议规避。最好禁止重载函数使用缺省变量值。

3.2.3　RV0303 使用引用参数和传值调用参数重载函数的风险

风险描述:当分别用引用参数和传值调用参数重载函数时,将会产生二义性。按照C++语言语法,用传值参数调用函数和用引用参数调用函数在语法上没有差别。编译器将无法识别其调用了哪一个函数,因此编译时会报错(见图3-3)。

示例：

```
#include<iostream>
using namespace std;
class A {
    public:virtual void fun();
};

class B:public A {
    void fun(int i,int j) {
        cout << "hello" << i << endl;
    }
    void fun(int i,int &j) {
        cout << "bye" << i << endl;
    }
};

int main() {
    B b;
    int i=1,j=2;
    b.fun(i,j);                    //错误：调用 fun()函数时产生二义性
    return 0;
}
```

图 3-3　使用引用参数和传值调用参数重载函数风险的示例代码

案例分析：图 3-3 所示示例中，A 类声明了虚函数 fun()；B 类继承 A 类并将虚函数fun()分别重载为 fun(int i,int j)和 fun(int i,int &j)。从语法上讲，这样的重载是被允许的。但是当 main 函数中，通过给 i 和 j 分别赋值，如实例代码中 i=1,j=2，并以参数形式调用fun()时，由于 C++语言是无法分辨出此时 i 和 j 是引用参数还是传值调用参数，所以 b.fun()无法进行匹配，编译器编译时将报二义性错误。

风险类型：编译发现，属于缺陷级风险。

规避建议：AS0303 建议规避。对相同函数进行重载时，要么都使用引用参数，要么都使用传值调用参数。

3.2.4　RV0304 运算符重载的二义性风险

风险描述：运算符重载也会发生二义性风险。运算符重载的二义性风险也是由于自动类型转换而产生的(见图 3-4)。

示例：

```
#include <iostream>
#include <cstring>
using namespace std;

class Binary{
    char bits[16];
public:
    Binary(char * num);
    Binary(int);
    friend Binary operator+(Binary,Binary);
    operator int();
    void Print();
};

Binary::Binary(char * num) {
    int iSrc=strlen(num) - 1;
    int iDest=15;
    while(iSrc >= 0 && iDest >= 0)
        bits[iDest--]=(num[iSrc--] == '0' ? '0':'1');
    while(iDest >= 0)
        bits[iDest--]='0';
}

Binary::Binary(int num) {
for(int i=15;i >= 0; --i)
    {
        bits[i]=(num%2 == 0 ? '0':'1');
        num >> 1;
    }
}
Binary operator+(Binary n1,Binary n2) {
    unsigned carry=0;
    unsigned value;
    Binary res="0";
    for(int i=15; i >= 0; --i) {
        value=(n1.bits[i] == '0' ? 0:1) + (n2.bits[i] == '0' ? 0:1);
        res.bits[i]=(value % 2 == 0 ? '0':'1');
        carry=carry >> 1;
    }
    return res;
}
```

图3-4 运算符重载二义性风险示例代码

```
Binary::operator int() {
    unsigned value=0;
    for(int i=0; i <= 15; ++i)
        value=(value << 1) + (bits[i] == '0' ? 0:1);
    return value;
}


void Binary::Print() {
    char str[17];
    strncpy(str,bits,16);
    str[16]='\0';
    cout << str << '\n';
}


int main() {
    Binary n1='1001';
    Binary n2=n1 + 15;
    n1 Print();
    n2 Print();
    cout << n2+5 << "\n";            //此处产生风险
    cout << n2-5 << "\n";
    return 0;
}
```

续图 3-4 运算符重载二义性风险示例代码

案例分析:图 3-4 所示示例中,重载运算符可能会由于两端数据类型的不同,而产生不同的操作解释,就会发生二义性风险。

Binary 类定义了 1 个 16 位数组 bits[16],2 个构造函数:Binary(char *)和 Binary(int),并重载了+运算符和 int()方法。在 main()函数中,分别赋值两个 Binary,其中 n1 为字符 1011,n2 为 n1+15,然后分别打印 n1 和 n2,最后输出 n2+5 的值和 n2-5 的值。从语法上讲实例代码是符合规则的,但是在编译的时候,由于重载了+运算符和 int(),计算机将得到两种解释:operator+(n1,Binary(15))和 Binary(int(n1)+15),编译器无法区分这两种解释,将会报告二义性错误。

风险类型:编译发现,属于缺陷级风险。

规避建议:AS0304 建议规避。在运算符重载的过程中,根据具体的环境谨慎使用类型强制转换,最好禁止使用类型强制转换。

3.2.5 RV0305 逗号(,),与(&&)以及或(||)运算符重载的风险

风险描述:由于编译器版本不同,其操作符的优先级也可能会不同,从而影响逗号(,),与(&&)以及或(||)运算符重载后被调用时候的顺序,导致程序将无法明确地运行,最后可能生

成一个开发者意料之外的结果(见图 3－5)。

示例:

```
#include <iostream>
#include "util.h"
using namespace std;

class A {
public:
    UtilType getValue ();
    UtilType setValue (UtilType const &num);
}

bool operator &&(UtilType const &,UtilType &);      //不符合
void f1 (A &a1,A &a2) {
    a1.getValue() && a2.setValue(0);
}

int main() {
    f1();
    return 0;
}
```

图 3－5　&& 重载代码示例

案例分析:图 3－5 所示示例中,A 类声明了 2 个成员函数 setValue()和 getValue(),并且代码对 && 运算符进行了重载。main()函数定义并调用 f1()方法,&& 事先被重载的情况下,getValue 和 setValue 的返回类型使用重载运算符 &&,则这两个函数都需要计算。这种情况同样也适用于(11)运算符。

C++语言的内部规定是,&& 和 Ⅱ 都是在已知结果的情况下不再计算后面的值,比如 0 && (a－－) && (b++)。然而重载 && 运算符和运算符导致了程序运行时要计算所有的表达式。这对于一些使用 && 做判断的运算来说,会导致一些错误。比如 getchar()&&putchar(),在读取文件时,如果读到文件尾部,即得到 getchar()为 0 时,就不需要再执行 putchar()了,这样才能正确地读取并输出文件。如果重载 && 运算符,那么先需要计算 getchar()和 putchar()的结果,再执行 && 运算符的重载定义,这样可能会导致一些不可知的错误。这样的重载,会导致编译器在处理 && 和 Ⅱ 运算符时产生混乱,因此是比较危险的。

对于逗号表达式来说,默认情况下,编译器按照逗号表达式规定的顺序计算各个表达式。但是如果重载操作逗号表达式,因为需要先检查逗号两边的表达式类型,来判断是否使用重载定义的类型,所以会导致计算顺序的混乱。这样比较危险,会产生一些不可知的错误。

虽然 C++语言并没有限制这 3 个运算符的重载问题,但是从这个例子和 C++语言的规则来看,有些时候会产生一些不可预知的错误。

风险类型:编译发现,属于缺陷级风险。

规避建议:AS0305 禁用。禁止重载逗号(,),与(&&)以及或(||)运算符。

3.2.6 RV0306 单目运算符 & 重载的风险

风险描述：用户重载运算符 & 后，当用户再次使用 & 时，程序员将无法确定 & 当前的含义是重载的定义还是原始的定义，这将导致程序执行未知行为。如图 3-6 所示，示例代码展示了单目运算符 & 被重载后，函数调用 & 后的状态。

示例：

```
#include <iostream>
using namespace std;

class A {
public:
    A* operator &();                //不符合
};
void f1 (A &a) {
    &a ;                            //使用用户定义的 & 运算符
}

int main() {
    A a;
    f1(a);
    return 0;
}
```

图 3-6 & 重载代码示例

案例分析：图 3-6 所示示例中，A 类中对运算符 & 进行了重载，同时还定义了函数f1()，当 main()函数调用 f1()时，f1()的运算符 & 就会使用用户定义的重载操作。这会导致程序员在重载运算符 & 后，无法得知运算符 & 有没有使用重载的定义。这种行为的危险性在于，可能会导致程序产生与程序员意愿不同的结果。

风险类型：C++语法允许，编译通过，属于缺陷级风险，测试可以发现。

规避建议：AS0306 禁用。根据具体的语境谨慎使用，最好禁止重载单目运算符 &。

3.2.7 RV0307 虚函数按优先级调用风险

风险描述：如果在一个继承路径上有两个函数定义，在调用函数时，有可能按照继承的优先度调用函数。这样就会导致函数调用的混乱，可能会调用不到程序员希望的函数。这是在实现多态时需要特别注意的地方。关于继承路径上的函数定义，虽然 C++并没有明确限制，但是如果没有进行限制，就会产生一些混乱，虽然程序能够正常运行，但是不一定能够按照程序员所设计的方式运行，程序的运行方式就可能会出现很多漏洞，造成不安全的风险。

如果一个函数在同一个类中被声明为纯虚函数，但是还有定义，这样的定义就会被忽略(见表 3.1)。

表 3.1　多个实例类的继承关系

类别	函数							
	f1		f2		f3		f4	
	Pure	define	pure	define	pure	define	pure	define
A	√	√	√			√	√	√
B				√		*	√	√
C		√		*				√
D		*						*

下述几个例子描述了多个类的继承关系，每个类都包括对几个函数的定义和声明，类与函数的关系见表 3.1，表中“√”表示可以定义，“*”表示不推荐再继续定义。f1 在 A 类中是虚函数，而且有定义，在 C 类中有定义，所以当 D 类继承 C 类时，D 类中就不能再有定义；f2 在 A 类中是虚函数，在 B 类中有定义；f3 不是虚函数，在 A 类中有定义；例外是 f4，虽然它在 A 类中有定义，但是因为它是纯虚函数，所以它的定义被忽略。

示例：

```
#include <iostream>
using namespace std;

class A {
public:
    virtual void f1()=0 ;           //f1 是虚函数
    virtual void f2()=0 ;           //f2 是虚函数
    virtual void f3() {};           //f3 不是虚函数
    virtual void f4()=0 ;           //f4 是虚函数
    virtual ~ A();                  //析构函数
};
void A::f1(){}                      //A::f1 有定义而且是虚函数
void A::f4(){}                      //A::f4 有定义而且是虚函数

int main()
{
    return 0;
}
```

图 3-7　示例代码 A 类

案例分析：如图 3-7 所示，在 A 类中，f1，f2，f4 是虚函数，而 f3 不是。由于 f1 和 f4 已经被声明为虚函数，因此即便再对 f1 和 f4 进行定义，f1 和 f4 的定义会被忽略，以维持 f1 和 f4 作为虚函数的特征。

示例:

```
#include <iostream>
using namespace std;

class A {
public:
    virtual void f1()=0 ;          //f1 是虚函数
    virtual void f2()=0 ;          //f2 是虚函数
    virtual void f3() {};          //f3 不是虚函数
    virtual void f4()=0 ;          //f4 是虚函数
    virtual ~ A();                 //析构函数
};
void A::f1(){}                     //A::f1 有定义而且是虚函数
void A::f4(){}                     //A::f4 有定义而且是虚函数

class B:public A {
public:
    virtual void f2 (){ };         //符合:f2 在 A 类中是虚函数并且在 B 类中有定义
    virtual void f3 (){ };         //不符合:f3 在 A 和 B 中都有定义
    virtual void f4 ()=0 ;         //符合:f4 在 A 和 B 中都是虚函数
    virtual ~B();                  //符合:析构函数
};                                 //因为例外而符合:f4 在 A 类中有定义,但是又同时在 A 类中声明为虚函数
void B::f4(){}

int main()
{
    return 0;
}
```

图 3-7 示例代码 B 类

案例分析:图 3-8 所示示例中,B 类继承于 A 类,B 类对 f2,f3,f4 都进行了定义,由于 f2 和 f4 在 A 类中被声明为虚函数,所以 B 类对 f2 和 f4 的定义是合法的。由于 A 类对 f3 已经存在定义,所以 B 类对 f3 的定义是不合法的。

示例:

```
#include <iostream>
using namespace std;

class A {
public:
    virtual void f1()=0 ;          //f1 是虚函数
    virtual void f2()=0 ;          //f2 是虚函数
    virtual void f3() {};          //f3 不是虚函数
```

图 3-8 示例代码 C 类

```
        virtual void f4()=0 ;//f4 是虚函数
        virtual ～ A();//析构函数
};
void A::f1(){}//A::f1 有定义而且是虚函数
void A::f4(){}//A::f4 有定义而且是虚函数

class B:public A {
public:
      virtual void f2 (){ };//符合:f2 在 A 类中是虚函数并且在 B 类中有定义
      virtual void f3 (){ }; //不符合:f3 在 A 和 B 中都有定义
      virtual void f4 ()=0 ;//符合:f4 在 A 和 B 中都是虚函数
      virtual ～B();//符合:析构函数
};
//因为例外而符合:f4 在 A 类中有定义,但是又同时在 A 类中声明为虚函数
void B::f4(){}

class C:public B {
public:
      virtual void f1 (){ };//符合:f1 在 A 类和 C 类中有定义,//但是在 A 类中声明为虚函数
      virtual void f2 (){ }; //不符合:f2 在 B 类和 C 类中有定义,//但是在 B 类中没有声明为虚函数
      virtual void f4 (){ }; //因为例外而符合:f4 在 A 类和 B 类//中有定义,但是在 A 类和 B 类中
                              都//被声明为虚函数
};

int main()
{
      return 0;
}
```

续图 3-8　示例代码 C 类

案例分析:图 3-9 所示示例中,C 类继承于 B 类,C 类对 f1,f2,f4 都进行了定义,由于 f1 在 A 类中被声明为虚函数,所以 C 类对 f1 的定义是合法的。由于 B 类对 f2 已经存在定义,所以 C 类对 f2 的定义是不合法的。由于 A 类和 B 类都将 f4 声明为虚函数,所以 C 类对 f4 的定义是合法的。

示例:

```
#include <iostream>
using namespace std;

class A {
public:
        virtual void f1()=0 ;        //f1 是虚函数
        virtual void f2()=0 ;        //f2 是虚函数
```

图 3-9　示例代码 D 类

```
        virtual void f3() {};    //f3 不是虚函数
        virtual void f4()=0 ;    //f4 是虚函数
        virtual ~ A();    //析构函数
};
void A::f1(){}    //A::f1 有定义而且是虚函数
void A::f4(){}    //A::f4 有定义而且是虚函数

class B:public A {
public:
        virtual void f2 (){};//符合:f2 在 A 类中是虚函数并在 B 类中有定义
        virtual void f3 (){};   //不符合:f3 在 A 和 B 中都有定义
        virtual void f4 ()=0 ;  //符合:f4 在 A 和 B 中都是虚函数
        virtual ~B();   //符合:析构函数
};   //因为例外而符合:f4 在 A 类中有定义,但是又同时在 A 类中声明为虚函数
void B::f4(){}

class C:public B {
public:
        virtual void f1 (){};       //符合:f1 在 A 类和 C 类中有定义,
                                    //但是在 A 类中声明为虚函数
virtual void f2 (){};               //不符合:f2 在 B 类和 C 类中有定义,
                                    //但是在 B 类中没有声明为虚函数
        virtual void f4 (){};       //因为例外而符合:f4 在 A 类和 B 类中有定义,但是在
                                    //A 类和 B 类中都被声明为虚函数
};
class D:public C {
public:
virtual void f1 (){};               //不符合:f1 在 A 类、C 类和 D 类中//都有定义
virtual ~D();                       //符合:析构函数
};

int main()
{
        return 0;
}
```

续图 3-9　示例代码 D 类

案例分析:图 3-10 所示示例中,D 类继承于 C 类,D 类对 f1 进行了定义,由于 f1 在 C 类中已经存在定义,因此 D 类对 f1 的定义是不合法的。

关于按优先度调用，图 3－11 示例代码中定义了 V 类、B1 类、B2 类和 D1 类。例程中每个函数的调用和定义关系见表 3.2。b2 .f1()是按照正常的继承关系来调用 foo()函数，并且调用的是 V 类中 foo()的定义。d.f2()和 d.f1()都是按照优先度调用的。它们虽然最后都是调用了 foo()函数，但是经过的继承路径却不相同，而且它们最后只能调用到 B1 类中 foo()的定义。为了防止这种情况发生，因此 C＋＋语言规定，虚函数在一个继承路径上，只能有一个函数定义。

表 3.2 按优先度调用的不同路径

类 别	函 数		
	foo	f1	f2
V	define		
B1	define		
B2	通过 f1 调用	define	
D1		通过 f2 调用	define

这个规则说明，如果在一个继承路径上有 2 个函数定义，在调用函数时，有可能按照继承的优先度调用函数。这样就会导致函数调用的混乱，可能会调不到程序员希望的函数。这是在实现多态时需要特别注意的地方。关于继承路径上的函数定义，C＋＋语言并没有明确限制。从上面的例程可以看出，如果没有这样的限制，就会产生一些混乱，虽然程序能够正常运行，但是不一定能够按照程序员所设计的方式运行。这样的运行方式会出现很多漏洞，因此 C＋＋语言强制规定在每一个继承路径上，虚函数只能有一个定义。

示例：

```
class V
{
public:
    virtual void foo(){}
};

class B1:public virtual V
{
public:
    virtual void foo() {}        //不符合
};

class B2:public virtual V
{
public:
    void f1()
```

图 3－11 示例代码 V 类、B1 类、B2 类和 D1 类

```
{
foo(); //V::foo 作为唯一被调用的函数,可以在这里出现
}
}

class D1:public B1, public B2
{
public:
    void f2()
    {
    f1();
}
};
void main()
{
    B2 b2;
    b2. f1()  //按照正常的继承规则调用 V::foo 函数
    D d;
    d . f2();  //调用 B2::f1 函数相当于"按优先度"调用 B1::foo 函数
    d . f1();  //同样"按优先度"调用 B1::foo 函数
}
```

续图 3-11　示例代码 V 类、B1 类、B2 类和 D1 类

风险类型:C++语言语法允许编译通过,属于缺陷级风险,测试一定可以发现。

规避建议:AS0307 慎用。在每一个继承路径上,虚函数只能有一个定义,防止按优先度调用。例如,析构函数可以定义为虚函数,在每一个派生类上都可以有定义。

3.2.8　RV0308 重载虚函数未使用 virtual 关键字的风险

风险描述:如果函数是通过引用或指针而不是对象进行调用的,它将自己确定用哪一种方法。如果重载的虚函数没有使用关键字 virtual,程序将根据引用类型或指针类型选择方法,而不是根据引用或指针指向的对象类型来选择方法。这样可能导致的风险是,程序运行过程中,可能不能正确地调用到被重载的虚函数,使程序产生不可预测的错误(见图 3-12)。

示例:

```
#include <iostream>
using namespace std;

class A {
public:
    virtual void b();
```

图 3-12　声明重载虚函数风险的示例代码

```
};
class B:public A {
public:
    void b();          //没有明确的声明为"虚函数"
};

int main()
{
    return 0;
}
```

续图 3-12　声明重载虚函数风险的示例代码

案例分析：图 3-12 所示示例中，A 类中 b()被声明为虚函数，B1 类继承 A 类并重载b()函数。B1 类中 b()函数没有被明确声明为虚函数，这种情况并不会导致程序编译时或运行时的错误，但其风险在于，除非程序员仔细检查基类，否则很难在第一时间确定 b()函数是否为虚函数。

风险类型：C++语言语法允许，编译通过，属于瑕疵级风险，测试一定可以发现。

规避建议：AS0308 建议规避。每一个重载的虚函数应该用关键字 virtual 来声明。

3.2.9　RV0309 纯虚函数重载的风险

风险描述：虚函数包括纯虚函数和非纯虚函数，其中虚函数可以重载纯虚函数，但当纯虚函数重载虚函数时可能会存在风险。当纯虚函数重载非纯虚函数时，由于纯虚函数的特殊性，被重载的虚函数就会丢失自己的定义，产生重载的风险(见图 3-13)。

示例：

```
#include <iostream>
using namespace std;
class A {
public:
    virtual void foo ()=0;          //foo 声明为纯虚函数
};

class B:public A {
public:
    virtual void foo ();            //foo 有定义
};

class C:public B
{
public:
```

图 3-13　纯虚函数重载的风险

```
        virtual void foo ()=0;//不符合:foo重新声明为纯虚函数
    };

    int main()
    {
        return 0;
    }
```

续图 3-13　纯虚函数重载的风险

案例分析:如图 3-13 所示,示例代码定义了 A 类、B 类和 C 类,B 类继承 A 类,C 类继承 B 类。foo 函数在 A 类中定义为纯虚函数,在 B 类中被重载为普通虚函数。此时 C 类如果使用纯虚函数重载 foo 函数,那 C 类的 foo()是非法的。B 类中 foo 函数重载 A 类的 foo 函数时,是用有定义的虚函数重载纯虚函数,这样做是可以的。C 类中的 foo 函数重载 B 类的 foo 函数时,是用纯虚函数重载一个非纯虚函数,这样是不行的。在 C 类中,foo 被定义为纯虚函数,在 C 类的对象调用 foo 函数时无法调用到 B 类中的定义。这样的重载导致 B 类中对 foo 函数的定义丢失。编译时将报告 C 类无法实例化的错误。

风险类型:编译发现,属于缺陷级风险。

规避建议:AS0309 慎用。根据具体的环境谨慎使用,只有被声明为纯虚函数的虚函数,才能被纯虚函数重载。

3.3 风险规避建议

针对以上分析的可能出现的问题,下述给出风险规避的具体建议。

规避建议:AS0301 慎用。根据具体的情况谨慎使用,最好在使用的过程中都能明确其数据类型,禁止变量的自动类型转换,所有用到的数据都为其设定具体的数据类型。

规避建议:AS0302 建议规避。最好禁止重载函数使用缺省变量值。

规避建议:AS0303 建议规避。对相同函数进行重载时,要么都使用引用参数,要么都使用传值调用参数。

规避建议:AS0304 建议规避。在运算符重载的过程中,根据具体的环境谨慎使用类型强制转换,最好禁止使用类型强制转换。

规避建议:AS0305 禁用。禁止重载逗号(,),与(&&)以及或(||)运算符。

规避建议:AS0306 禁用。根据具体的语境谨慎使用,最好禁止重载单目运算符 &。

规避建议:AS0307 慎用。在每一个继承路径上,虚函数只能有一个定义。防止按优先度调用。例如,析构函数可以定义为虚函数,在每一个派生类上都可以有定义。

规避建议:AS0308 建议规避。每一个重载的虚函数应该用关键字 virtual 来声明。

规避建议:AS0309 慎用。根据具体的环境谨慎使用,只有被声明为纯虚函数的虚函数,才能被纯虚函数重载。

3.4　本章小结

本章所提出的重载风险包括重载二义性风险和其他风险，二义性风险一般在编译时就会有所提醒，而其他风险虽然在C＋＋语言规范里没有相应的约束和限制，但是重载的高使用频率，决定了其使用上必须具备极其严格的规范。而本章另外提出的虚函数使用风险，从程序的运行时多态的角度分析，要求在虚函数的使用中必须按照上述规则，以降低虚函数的使用风险，提高程序的稳定性和安全性。

正确并完备地实现C＋＋语言的多态性，能够充分发挥C＋＋语言的优势，并且提高程序的可读性和可维护性。如果使用不当，会导致一些想象不到的程序漏洞。C＋＋语言针对使用多态性可能产生的一些漏洞，提出了规避的方法与建议，并列出了其中几条关键和实用的规则。

第4章 类型强制转换

4.1 类型强制转换概述

数据类型用来定义存储空间内存使用的方式。通过定义数据类型，编译器知道如何创建一块特定的存储空间，以及怎样操纵这块存储空间。数据类型可以是内部的或者是用户自定义的。类型机制是程序设计语言的核心。类型转换是将数据从一种类型的值映射为另一种类型的值，不同的类型之间允许进行类型转换。类型转换包含隐式和显式两种。前者由编译器自动完成，后者则需要编程人员进行显式的说明。

常见类型转换有显式类型转换和隐式类型转换两种，下述分别对这两种类型转换形式进行分析。

1. 显式类型转换

显式类型转换语言提供了一种强制类型转换运算符，将一个类型的变量强制转换为另一种类型。显式转换实际上是一种一元运算。各种数据类型的标识符都可以用作显式转换运算符。对一个变量进行显式转换后，得到一个新的类型的数据，原来变量的类型并不改变。此类转换的一般形式为类型标识符表达式（见图4-1）。

示例：

```
int i=(int)3.1415926;                    浮点数显式转换为整型数
char c=(char)(95-12);                    整型数显式转换为char类型
double d=(double)i+(double)c;            /*int和char类型的数显式转换为double类型
```

图 4-1

由于C++语言语言兼容了C语言的特征，所以而C++语言语言中保留了上述的特性。同时，标准对于类型转换进行了改进，增加了4种类型转换运算符：static_cast，dynamic_cast，const_cast，reinterpret_cast（见图4-2）。

示例：

```
int main()
{
    float f=1.123;
    const char * pc_str="test";
```

图 4-2

```
        int i=static_cast<int> f;
        char * p_str=const_cast<char * >(pc_str);
        return 0;
    }
```

续图　4-2

2. 隐式类型转换

隐式类型转换，在语言中，当不同类型的值进行运算时，需要转换到同一类型上才能进行，如果程序编写者没有显式地写清楚需要转换的类型，则编译器就会自动地进行隐式类型转换。语言编译系统提供的基本数据类型的隐式转换规则如下。

(1)程序在执行算术运算时，表示范围小的类型转换为表示范围大的类型。在该规则中，执行算术运算时的隐式类型转换由一组称作普通算术转换的规则确定。该规则所完成的转换是安全的，并没有精度的损失。

(2)在赋值表达式中，赋值号右边表达式的值隐式地转换为左边变量的类型。在该规则中，赋值表达式右边的表达式的值被强制性地从原来的类型转换为左边变量的类型，安全性并没有得到保证，可能出现错误(见图 4-3)。

示例：

```
int main()
{
    long l=12345678;
    int i=l;            //变量 l 的值隐式转换为 int 类型
    return 0;
}
```

图　4-3

在示例的第 4 行中，变量的值被强制转换为 int 类型后才赋值给变量，造成了精度的损失。

(3)发生函数调用时，系统隐式地将实参转换为形参的类型。在该规则中，实参的类型是被强制性地转换为形参的类型。因此，转换的正确性并没有得到保证，可能出现错误(见图 4-4)。

示例：

```
#include<stdio.h>
void func(int i)
{
    printf("i=%d\n",i);
}

int main()
{
    float f=1.23;
    func(f);            /* 实参 f 的值隐式转换为 int 类型; */
    return 0;
}
```

图　4-4

在示例的第7行中,实参的值被强制转换为int类型后才赋值给形参,并没有得到准确的值。

(4)函数有返回值时,系统隐式地将返回表达式的类型转换为函数返回值的类型。在该规则中,函数返回表达式的类型被强制性地转换为函数返回值的类型。因此,转换的安全性并没有得到保证,可能得不到期望的结果(见图4-5)。

示例:

```
int func(double d)
{
    return d+1.2345;        //返回表达式的值隐式转换为int类型
}

int main()
{
    double d=1.11;
    int i=func(d);
    return 0;
}
```

图 4-5

在例子的第7行函数的调用中,返回表达式d+1.2345的值隐式地转换为int类型后才被返回,变量i得到了不精确的值。

4.2 类型强制转换风险分析

C++语言语言提供了灵活的类型转换机制,但在使用的过程中很容易出现错误。特别是隐式转换,是编译器内部所做的转换,可能并不是程序员的本意。由于程序员的能力不足或疏忽,造成程序中存在很多类型转换的错误或安全隐患。

4.2.1 RV0401 不同类型转换引起的精度损失风险

风险描述:由于计算机的表示有限,每个基本类型的值表示都有一个范围。C++语言语言中提供的基本数据类型有char,short,int,unsigned,long,unsigned long,float,double,long double等。它们的可表示范围见表4.1。

表4.1 数据类型的表示范围表

类型说明符	分配字节数	可表示数的范围
字符型 char	1	C字符集
短整型 short	2	-32 768~32 767
基本整型 int	4	-2 147 483 648~2 147 483 647

续表

类型说明符	分配字节数	可表示数的范围
无符号型 unsigned	4	0～4 294 967 295
长整型 long	4	－2 147 483 648～2 147 483 647
单精度实型 float	4	3/4E－38～3/4E＋38
双精度实型 double	8	1/7E－308～1/7E＋308

当程序员将表示范围小的类型转型后赋给表示范围较大的类型时，这种转换是安全的。但如果是将表示范围大的类型转型后赋给表示范围较小的类型，就可能因为表示范围有限而造成精度损失。例如，将一个浮点数转型成整型数之后，就会造成小数点后的数位丢失（见图 4－6）。

示例：

```
#include<iostream.h>
void main()
{
char cdata=(char)128;      //128 超出了 char 的可表示范围
int idata=(int)123.456;    //123.456 小数点后的数位将会被丢弃
count << "cdata="<< (int)cdata <<"idata="<<idata <<endl;
}
```

图　4－6

案例分析：图 4－6 所示示例中，(char)128 越界，所以再强制转换成 int 型输出，结果会变为－128，而(int)123.456 会将小数点后面的数字丢弃，输出结果为 123，造成了精度的损失。

风险分类：C＋＋语言语法允许，编译可通过，但会造成精度的损失，属于瑕疵级风险，测试一定可以发现。

规避建议：AS0401 建议规避，根据具体的要求谨慎使用，最好禁止将表示范围大的类型数据转换为比其表示范围小的类型，以确保数据的精度。

4.2.2　RV0402 不相容指针进行转型风险

风险描述：数据类型是用来定义存储空间使用的方式。不同类型的指针规定了对所指向内存空间的不同解释方式。在通常情况下，C/C＋＋语言语言中不同的类型数据使用不同的内存存储方式，因此指向不同类型的指针原则上是不应当相互赋值的。不同类型的指针赋值实际上改变了指针对所指向的空间的解释方式，就可能造成程序执行时通过指针获取数据的混乱。指针类型转换造成错误的示例见图 4－7。

示例:

```
#include<iostream.h>
void main()
{
    int a=10;
    int b=20;
    double * ptr=(double *)(&b);
    count << "*ptr= "<< *ptr<<endl;        //出现获取数据错误
}
```

图 4-7

案例分析:图 4-7 所示示例中,一个 double 类型指针指向的应该是一个 8 个字节长的空间,但是实际上 int 变量只有 4 个字节长,因此,ptr 指针指向的空间实际上是堆栈中的 a 和 b 两个变量占据的空间,对 ptr 指向的双精度浮点数的解释结果依赖于 a 和 b 两个变量的值。

风险类型:C++语言语法允许,编译可通过,属于缺陷级风险,测试一定可以发现。

规避建议:AS0402 慎用。根据具体的情景谨慎使用,禁止不同类型指针之间的相互转换,以确保通过指针获取正确的数据。

4.2.3 RV0403 有符号数和无符号数之间的转换风险

风险描述:有符号数与无符号数进行各种运算时,编译器会先将有符号数转换为无符号数,再进行运算。这些转换发生时,实际的二进制位数据并没有改变,但是数据的解释方式被改变了。若有符号数为负数,则这个负数会被重新解释为一个值很大的无符号数,而这往往导致了错误的结果(见图 4-8)。

示例:

```
unsigned int i;
int a=-5;
for(i=10;i<a;i--)
{
    count<<i<<endl;
}
```

图 4-8

案例分析:图 4-8 所示示例中,为一个循环变量为无符号数,和有符号数比较产生错误。上述程序段原意是输出数字 10 到-4,但实际上由于 i 为无符号数,在 i<a 的比较中,编译器会把有符号整型变量 a 转成无符号数,得到一个大于 i 的正数,导致程序没有按预想的运行。

风险类型:C++语言语法允许,编译通过,属于瑕疵级风险,测试一定可以发现。

规避建议:AS0403 建议规避。可根据具体的需求,谨慎证明后将无符号数转化为有符号数。

判断无符号数的最高位是否为 1,如果不为 1,则有符号数就直接等于无符号数;如果为

1,则将无符号数取补码,得到的数就是有符号数。本质上就是无符号数在存储器中的二进制数直接按照有符号数来解析。现象上也可理解为无符号数先看成有符号数然后取补码。因为取补码时符号位不变,正数的补码就是原码。

示例:

以 unsigned char 和 signed char 为例子:

定义 unsigned char ui; signed char si;

(1)将无符号数 2 转为有符号数:

前提:

ui=2;

si=ui;

结果:

si=2;

2 的原码是:0000 0010,最高位不为 1,因此 si=0000 0010。

(2)将无符号数 130 转为有符号数:

前提:

ui=130;

si=ui;

结果:

si=-126;

130 的原码是:1000 0010,最高位为 1,对其取补码为 1111 1110,所以 si=1111 1110 值得到的结果是-126。

规避建议:AS0404 建议规避。有符号数转化为无符号数。

判断有符号数的最高位是否为 1,如果不为 1,则无符号数就直接等于有符号数;如果有符号数的最高位为 1,则将有符号数取补码,得到的数就是无符号数。本质上是有符号数在存储器中的二进制数直接按照无符号数来解析。

(1)将有符号数 3 转为无符号数:

前提:

si=2;

ui=si;

结果:

ui=2;

2 的原码是:0000 0010,可知最高位不为 1,因此 ui=0000 0010。

(2)将有符号数-2 转为无符号数:-2 是在存储器中按补码存放的,二进制表示为:1111 1110,此二进制数按照无符号数解析也就是首位不再表示符号,则该值为 254。

前提:

si=-2;

ui=si;

结果:

ui=254;

上述以 char 举例,如果换成 short 或者 int 等,要注意只有首位才是符号位。

4.3 风险规避建议

针对以上分析的可能出现的问题,下面给出风险规避的具体建议。

规避建议:AS0401 建议规避。根据具体的要求谨慎使用,最好禁止将表示范围大的类型数据转换为比其表示范围小的类型,以确保数据的精度。

规避建议:AS0402 慎用。根据具体的情景谨慎使用,禁止不同类型指针之间的相互转换,以确保通过指针获取正确的数据。

规避建议:AS0403 建议规避。可根据具体的需求,谨慎证明后将无符号数转化为有符号数。

规避建议:AS0404 建议规避。有符号数转化为无符号数。

4.4 本章小结

本章就类型强制转换中可能存在的风险进行了分析和描述,并对可能造成重大安全隐患的风险给出了安全实例;针对可能存在的安全风险,给出了相应的风险规避策略。

第5章　静态成员

在C++语言中，静态成员是属于整个类的而不是某个对象，静态成员变量只存储一份，供所有对象所共用，因此所有对象都可以共享它。使用静态成员变量实现多个对象之间的数据共享不会破坏隐藏的原则，这不仅保证了安全性，还可以节省内存。

静态成员的定义或声明要加关键字 static。静态成员可以通过双冒号来使用即<类名>::<静态成员名>。

5.1　静态成员概述

5.1.1　静态全局变量

在全局变量前，加上关键字 static，该变量就被定义成一个静态全局变量。本节先举一个静态全局变量的例子(见图5-1)。

示例：

```
//Example 1
#include <iostream.h>
void fn();
staticint n;                    //定义静态全局变量
void main(){
    n=20;
    cout<<n<<endl;
    fn();
}
void fn(){
    n++;
    cout<<n<<endl;
}
```

图5-1　静态全局变量示例代码

静态全局变量有以下特点：

(1)该变量在全局数据区分配内存。

(2)未经初始化的静态全局变量会被程序自动初始化(自动变量的值是随机的，除非它被显式初始化)。

(3)静态全局变量在声明它的整个文件内都是可见的，而在文件之外是不可见的。静态变量都在全局数据区分配内存，包括静态局部变量。对于一个完整的程序，在内存中的分布情况为代码区、全局数据区、堆区和栈区。一般程序由 new 产生的动态数据存放在堆区，函数内部的自动变量存放在栈区。自动变量一般会随着函数的退出而释放空间，静态数据(即使是函数内部的静态局部变量)也存放在全局数据区。全局数据区的数据并不会因为函数的退出而释放空间。

可以发现，Example 1 中的代码将“static int n; //定义静态全局变量”改为“int n;//定义全局变量”，程序照样正常运行。的确，定义全局变量就可以实现变量在文件中的共享，但定义静态全局变量还有以下优点：

1)静态全局变量不能被其他文件所用。

2)其他文件中可以定义相同名字的变量，不会发生冲突。

5.1.2 静态局部变量

在局部变量前，加上关键字 static，该变量就被定义成为一个静态局部变量。下述先举一个静态局部变量的示例(见图 5-2)。

示例：

```
//Example 3
#include <iostream.h>
void fn();
void main()
{
    fn();
    fn();
    fn();
}
void fn()
{
    static n=10;
    cout<<n<<endl;
    n++;
}
```

图 5-2 静态局部变量示例代码

通常，在函数体内定义了一个变量，每当程序运行到该语句时都会给该局部变量分配栈内存。但随着程序退出函数体，系统就会收回栈内存，局部变量也相应失效。有时候需要在两次调用之间对变量的值进行保存。通常的想法是定义一个全局变量来实现。但这样一来，变量已经不再属于函数本身了，不再仅受函数的控制，给程序的维护带来不便。

静态局部变量正好可以解决这个问题。静态局部变量保存在全局数据区，而不是保存在栈中，每次的值保持到下一次调用，直到下次赋新值。

静态局部变量有以下特点：

(1)该变量在全局数据区分配内存。

(2)静态局部变量在程序执行到该对象的声明处时被首次初始化,即以后的函数调用不再进行初始化。

(3)静态局部变量一般在声明处初始化,如果没有显式初始化,会被程序自动初始化为 0。

(4)它始终驻留在全局数据区,直到程序运行结束。但其作用域为局部作用域,当定义它的函数或语句块结束时,其作用域随之结束。

5.1.3　静态函数

在函数的返回类型前加上 static 关键字,函数即被定义为静态函数。静态函数与普通函数不同,它只能在声明它的文件当中可见,不能被其他文件使用。

静态函数的示例(见图 5－3)。

示例:

```
//Example 4
#include <iostream.h>
static void fn();                //声明静态函数
void main(){
    fn();
}
void fn(){                       //定义静态函数
    int n=10;
    cout<<n<<endl;
}
```

图 5－3　静态函数示例代码

定义静态函数的有以下优点:

(1)静态函数不能被其他文件所用。

(2)其他文件中可以定义相同名字的函数,不会发生冲突。

在类内数据成员的声明前加上关键字 static,该数据成员就是类内的静态数据成员。先举一个静态数据成员的示例(见图 5－4)。

示例:

```
//Example 5
#include <iostream.h>
class Myclass{
public:
    Myclass(int a,int b,int c);
    void GetSum();
private:
    int a,b,c;
    static int Sum;              //声明静态数据成员
```

图 5－4　静态数据成员示例代码

```
};
int Myclass::Sum=0;//定义并初始化静态数据成员

Myclass::Myclass(int a,int b,int c){
    this->a=a;
    this->b=b;
    this->c=c;
    Sum+=a+b+c;
}

void Myclass::GetSum(){
    cout<<"Sum="<<Sum<<endl;
}

void main(){
    Myclass M(1,2,3);
    M.GetSum();
    Myclass N(4,5,6);
    N.GetSum();
    M.GetSum();
}
```

续图 5－4　静态数据成员示例代码

可以看出，静态数据成员有以下特点。

(1)对于非静态数据成员，每个类对象都有自己的拷贝。而静态数据成员被当作是类的成员。无论这个类的对象被定义了多少个，静态数据成员在程序中也只有一份拷贝，由该类型的所有对象共享访问。也就是说，静态数据成员是该类的所有对象共有的。对该类的多个对象来说，静态数据成员只分配一次内存，供所有对象共用。因此，静态数据成员的值对每个对象都是一样的，它的值可以更新。

(2)静态数据成员存储在全局数据区。静态数据成员定义时要分配空间，因此不能在类声明中定义。图 5－4 所示示例中，语句 int Myclass∷Sum＝0；是定义静态数据成员。

(3)静态数据成员和普通数据成员一样遵从 public，protected，private 访问规则。

(4)因为静态数据成员在全局数据区分配内存，属于本类的所有对象共享，所以，它不属于特定的类对象，在没有产生类对象时其作用域就可见，即在没有产生类的实例时，就可以操作它。

(5)静态数据成员初始化与一般数据成员初始化不同。静态数据成员初始化的格式为：

＜数据类型＞＜类名＞∷＜静态数据成员名＞＝＜值＞

(6)类的静态数据成员有两种访问形式为：

＜类对象名＞.＜静态数据成员名＞ 或 ＜类类型名＞∷＜静态数据成员名＞

如果静态数据成员的访问权限允许的话(即 public 的成员)，可在程序中按上述格式来引用静态数据成员。

(7)静态数据成员主要用在各个对象都有相同的某项属性的时候。比如对于一个存款类，每个实例的利息都是相同的。因此,应该把利息设为存款类的静态数据成员。这有两个优点:①不管定义多少个存款类对象,利息数据成员都共享分配在全局数据区的内存,因此节省存储空间。②一旦利息需要改变时,只要改变一次,则所有存款类对象的利息全改变过来了。

(8)同全局变量相比,使用静态数据成员有两个优势:①静态数据成员没有进入程序的全局名字空间,因此不存在与程序中其他全局名字冲突的可能性;②可以实现信息隐藏。静态数据成员可以是 private 成员,而全局变量不能。

5.1.4　静态成员函数

与静态数据成员一样,也可以创建一个静态成员函数,它为类的全部服务而不是为某一个类的具体对象服务。静态成员函数与静态数据成员一样,都是类的内部实现,属于类定义的一部分。普通的成员函数一般都隐含了一个 this 指针,this 指针指向类的对象本身,因为普通成员函数总是具体的属于某个类的具体对象的。通常情况下,this 是缺省的。如函数 fn()实际上是 this－＞fn()。但是与普通函数相比,静态成员函数由于不是与任何的对象相联系,因此它不具有 this 指针。从这个意义上讲,它无法访问属于类对象的非静态数据成员,也无法访问非静态成员函数,它只能调用其余的静态成员函数。下面举个静态成员函数的示例(见图 5－5)。

示例:

```
//Example 6
#include <iostream.h>
class Myclass{
public:
    Myclass(int a,int b,int c);
    static void GetSum();              //声明静态成员函数
private:
    int a,b,c;
    static int Sum;                    //声明静态数据成员
};
int Myclass::Sum=0;                    //定义并初始化静态数据成员
Myclass::Myclass(int a,int b,int c){
this->a=a;
this->b=b;
this->c=c;
Sum+=a+b+c;                            //非静态成员函数可以访问静态数据成员
}
void Myclass::GetSum(){                //静态成员函数的实现
    cout<<a<<endl;                     //错误代码,a 是非静态数据成员
    cout<<"Sum="<<Sum<<endl;
}
```

图 5－5　静态成员函数示例代码

```
void main(){
    Myclass M(1,2,3);
    M.GetSum();
    Myclass N(4,5,6);
    N.GetSum();
    Myclass::GetSum();
}
```

续图 5－5　静态成员函数示例代码

关于静态成员函数，可以总结为以下几点：

(1) 出现在类体外的函数定义不能指定关键字 static；

(2) 静态成员之间可以相互访问，包括静态成员函数访问静态数据成员和访问静态成员函数；

(3) 非静态成员函数可以任意地访问静态成员函数和静态数据成员；

(4) 静态成员函数不能访问非静态成员函数和非静态数据成员；

(5) 由于没有 this 指针的额外开销，所以静态成员函数与类的全局函数相比速度上会有少许的增长；

(6) 调用静态成员函数，可以用成员访问操作符(.)和(－＞)为一个类的对象或指向类对象的指针调用静态成员函数，也可以直接使用“＜类名＞::＜静态成员函数名＞(＜参数表＞)”调用类的静态成员函数。

5.2　静态成员风险分析

在 C＋＋语言中类的静态成员变量和静态成员函数是个容易出错的地方，C＋＋语言语言存在的与静态成员相关的安全风险主要有以下几种表现形式：

(1)通过静态成员函数访问非静态成员；

(2)通过类名调用静态成员函数和非静态成员函数；

(3)静态成员不可在类体内进行赋值；

(4)使用类的静态成员变量；

(5)静态成员函数在类外实现时候无须加 static 关键字；

(6)静态变量或静态函数只有本文件内的代码才能访问它，它的名字在其他文件中不可见。

5.2.1　RV0501 通过静态成员函数访问非静态成员风险

风险描述：静态成员函数不能访问非静态成员，这是因为静态函数属于类而不是属于整个对象，静态函数中的成员可能都没有分配内存。静态成员函数没有隐含的 this 自变量。因此，它就无法访问自己类的非静态成员，一旦这样使用，将会出现编译错误(风险示例见图 5－6)。

示例：

```
#include<iostream>
using namespace std;
class Example{
    public:
        static void ExampleFunction(){
            arg=1;
        }
    private:
        int arg;
};

int main(){
    Example * example=new Example();
    example->ExampleFunction();
    return 0;
}
```

图5-6 通过静态成员函数访问非静态成员风险示例代码

案例分析：图5-6所示示例中，类Example中定义了静态成员函数static void ExampleFunction()，主函数中调用ExampleFunction()函数，对非静态成员变量arg进行了赋值操作。编译上述代码，出错，错误信息：invalid use of member 'Example::arg'in static member function。原因是静态成员函数不能访问非静态成员，这是因为静态函数属于类而不是属于整个对象，静态函数中的成员可能都没有分配内存。静态成员函数没有隐含的this自变量。因此，它就无法访问自己类的非静态成员变量。

风险类型：编译发现，属于瑕疵级风险。

规避建议：AS0501 慎用。根据具体情况谨慎使用，最好在静态成员函数中不要使用非静态成员变量。

规避建议：AS0502 慎用。最简单的方法就是将静态函数中用到的成员变量声明为静态成员变量（见图5-7）。

示例：

```
#include<iostream>
using namespace std;
class Example{
    public:
        static void ExampleFunction(){
            arg=1;
        }
    private:
      static int arg;
```

图5-7 静态函数中用到的成员变量声明为静态成员变量示例代码

```
};

int main(){
    Example * example=new Example();
example->ExampleFunction();
cout<<"arg="<<example->arg<<endl;
    return 0;
}
```

续图 5-7

输出:arg=1。

然而,这个方法不得不将 static function 内用到的成员变量都变成 static 的了,而且 static 的成员还要显式初始化,很不方便。

规避建议:AS0503 慎用。定义一个对象指针作为静态成员函数的"this"指针,模仿传递非静态成员函数里 this 变量,以达到访问类的非静态成员变量的目的(见图 5-8)。

示例:

```
#include<iostream>
using namespace std;
class Example
{
    public:
        static void ExampleFunction(Example * example){
            example->arg=1;
            cout<<"arg="<<example->arg<<endl;
            example->function();
        }
        void   function(){
            cout<<"function 被调用了"<<endl;
        }
    private:
        int arg;
};

int main()
{
    Example * example=new Example();
    example->ExampleFunction(example);
    return 0;
}
```

图 5-8

输出:arg=1,function 被调用了。

案例分析:在图 5-8 所示的程序代码中,类 Example 中定义了静态成员函数

ExampleFunction(Example *example)，函数中定义了*example对象指针，通过对象指针访问类的非静态成员变量，程序运行正常。

原因很简单，函数调用之前，类Example已经分配了内存空间，通过*example对象指针作为静态成员函数的this指针，模仿传递非静态成员函数里this变量，达到正确访问类的非静态成员变量的目的(见图5-9)。

类的非静态成员函数可以调用静态成员函数。

示例：

```
#include<iostream>
using namespace std;
class Example
{
    public:
        static void ExampleFunction(){
            cout<<arg<<endl;
        }
    private:
        int arg;
};

int main()
{
    Example example;
    example.ExampleFunction();
    return 0;
}
```

图　5-9

案例分析：图5-9所示示例中，编译代码报错，错误信息：illegal reference to data member 'Example::arg' in a static member function。因为静态成员函数属于整个类，在类实例化对象之前就已经分配空间了，而类的非静态成员必须在类实例化对象后才有内存空间，所以这个调用就出错了，就好比没有声明一个变量却提前使用它一样。

风险类型：编译发现，属于瑕疵级风险。

规避建议：AS0504建议规避。在没有给类分配空间时不要在静态成员函数中使用非静态成员变量。

但相反的是，类的非静态成员函数可以调用静态成员函数(见图5-10)。

示例：

```
#include<iostream>
using namespace std;
class Example{
    public:
```

图　5-10

```
        static void ExampleFunction(){
            cout<<"静态函数被调用"<<endl;
        }
        void function(){
            ExampleFunction();
        }
    private:
        int arg1;
};

int main(){
    Example example;
    example.function();
    return 0;
}
```

续图 5-10

输出:静态函数被调用。

结论:类的非静态成员函数可以调用静态成员函数,但反之不能。

5.2.2 RV0502 通过类名调用静态成员函数和非静态成员函数风险

风险描述:在调用静态成员函数和非静态成员函数时,如果通过类名来调用,将会出现编译错误,导致程序崩溃(见图5-11)。

示例:

```
#include<iostream>
using namespace std;
class Example{
    public:
        static void ExampleFunction(){
            cout<<"静态函数被调用"<<endl;
        }
        void function(){
        }
    private:
        int arg1;
};

int main(){
    Example::ExampleFunction();
    Example::function();
    return 0;
}
```

图 5-11

风险分析：图 5－11 所示示例中，编译代码报错，错误信息为 error：cannot call member function'void Example::function()'without object。在类 Example 中定义了 function()函数和静态函数 ExampleFunction()，在主程序中通过类名调用静态成员函数和非静态成员函数时，出现编译错误，导致程序终止。

风险类型：编译发现，属于缺陷级风险。

规避建议：AS0505 慎用。不要通过类名来调用类的非静态成员，可以通过建立具体的类对象来调用静态成员函数和非静态成员函数。

正确做法如图 5－12 所示。

示例：

```
int main()
{
    Example *example=new Example();
    example->ExampleFunction();
    example->function();
    return 0;
}
```

图　5－12

编译通过。

结论：类的对象可以使用静态成员函数和非静态成员函数。

5.2.3　RV0503 在类体中对静态成员赋值风险

风险描述：C＋＋语言中不允许在类体中对静态成员进行赋值。因为类中静态成员是被所有属于该类的对象所共享的。如果在一个对象里对该对象所属类的静态成员赋值，则该类的其他对象里的此成员也会随之发生变化，导致程序错误。为了避免产生这样的混乱，禁止在类体中对静态成员进行赋值操作。

静态成员的值对所有的对象是一样的。静态成员可以被初始化，但只能在类体外进行初始化(见图 5－13)。

示例：

```
#include<iostream>
using namespace std;
class Example
{
    private:
      int x;
      int y;
    public:
    static int num=10;
```

图　5－13

```
    static int Getnum(){
        num += 15;
        return num;
    }
}

int main()
{
    Example *example=new Example();
    cout<<example->Getnum()<<endl;
    return 0;
}
```

续图 5-13

案例分析:图 5-13 所示示例中,在 Example 类体中对静态整型变量 num 进行了赋值,在静态函数 Getnum()中调用 num。编译程序代码报错,错误信息:error:ISO C++语言 forbids in-class initialization of non-const static member 'Example::num'。

风险类型:编译发现,属于瑕疵级风险。

规避建议:AS0506 建议规避。禁止在类中初始化静态成员变量。

规避建议:AS0507 慎用。在类外对类的静态成员变量进行初始化。

正确做法如图 5-14 所示。

示例:

```
#include<iostream>
using namespace std;
class Example
{
    private:
        int x;
        int y;
    public:
    static int num;
    static int Getnum(){
        num += 15;
        return num;
    }
};

int Example::num=10;
int main()
{
    Example *example=new Example();
    cout<<"num="<<example->Getnum()<<endl;
    return 0 ;
}
```

图 5-14

编译通过。

输出：num=25。

5.2.4 RV0504 使用类的静态成员变量风险

风险描述：类的静态成员变量必须初始化后再使用。这是因为静态成员本质上属于全局变量，是所有实例化以后的对象所共享的，而成员的初始化是成员向系统申请内存存储数据的过程；在类中只是对静态成员变量进行了声明，并没有进行定义，而声明仅仅只是表明了变量的类型和属性，并没有为其分配内存空间。如果在使用类的静态成员变量前未对其进行初始化，将会出现使用的静态变量未定义的错误，程序编译无法通过（见图 5-15）。

示例：

```
#include<iostream>
using namespace std;

class Example
{
    private:
      static int num;
    public:
      Example(){
        num++;
      }
      ~Example(){
      num--;
      }
      static void output(){
        cout<<"num="<<num<<endl;
      }
};

int main()
{
    Example *example=new Example();
    example->output();
    return 0 ;
}
```

图 5-15

案例分析：图 5-15 所示示例中，主函数在调用静态成员变量 num 前，没有对其进行初始化，编译代码报错，错误信息：对'Example::num'未定义的引用。这是因为类的静态成员变量在使用前必须先初始化。

风险类型：编译发现，属于瑕疵级风险。

规避建议：AS0508 慎用。类的静态成员变量必须先初始化再使用。

正确的做法：在类外对类的静态成员变量进行初始化(见图 5-16)。

示例：

```
#include<iostream>
using namespace std;

class Example
{
    private:
      static int num;
    public:
      Example(){
        num++;
      }
      ~Example(){
      num--;
      }
      static void output(){
        cout<<"num="<<num<<endl;
      }
};

int Example::num=10;           //类外对静态成员变量初始化
int main()
{
    Example *example=new Example();
    example->output();
    return 0 ;
}
```

图 5-16

在 main()函数前加上 int Example::num=10;对静态成员变量 num 进行初始化，再编译链接无错误，运行程序将输出 num=11。

5.2.5 RV0505 静态成员函数在类外实现的风险

风险描述：静态成员函数在类外实现的时候无须加 static 关键字，否则就会出现错误。这是由 static 关键字的性质决定的，static 是存储说明符，具有唯一性。换句话说，就是同一个变量，static 不管是声明还是定义，只能出现在一个位置。类的静态成员变量在类中已经声明为 static，则在类外实现时，不能再加 static 关键字(见图 5-17)。

示例：

```
#include<iostream>
using namespace std;

class Example{
    private:
      static int num;
    public:
      Example(){
        num++;
      }
      static void output();
};
int Example::num=10;
static void Example::output(){
    num -= 5;
    cout<<"num="<<num<<endl;
}

int main()
{
    Example *example=new Example();
    example->output();
    return 0 ;
}
```

图　5-17

案例分析：图 5-17 所示示例中，类 Example 中声明了静态成员函数 output()；在类外对其进行定义实现，若加 static 关键字，则编译代码报错 Error：cannot declare member function' static void Example::output()' to have static linkage [-fpermissive]。

风险类型：编译发现，属于瑕疵级风险。

规避建议：AS0509 慎用。静态成员函数在类外实现时，切记一定不能加 static 关键字（见图 5-18）。

示例：

```
#include<iostream>
using namespace std;
class Example{
    private:
      static int num;
    public:
      Example(){
        num++;
      }
```

图　5-18

```
        static void output();
};
int Example::num=10;
void Example::output(){
    num -= 5;
    cout<<"num="<<num<<endl;
}

int main()
{
    Example *example=new Example();
    example->output();
    return 0 ;
}
```

续图 5-18

编译通过。

输出:num=6。

5.2.6 RV0506 静态变量或静态函数使用风险

风险描述:静态变量或静态函数只有本文件内的代码才能访问,它的名字在其他文件中是不可见的。在其他文件中使用此静态变量,或者调用此静态函数,将会出现变量未定义的错误(见图 5-19)。

示例:

```
//file1.cpp
#include<iostream>
using namespace std;
void fun();
static int n;               //定义静态全局变量

int main(){
    n=20;
    cout<<n<<endl;
    fun();
    return 0;
}
```

(1)file 1

图 5-19

示例：

```
//file2.cpp
#include<iostream>
using namespace std;
extern int n;
void fun(){
    n++;
    cout<<n<<endl;
}
```

(2)file 2

续图　5-19

案例分析：图 5-19 所示示例中，file1 文件中定义了静态全局变量 n，在 file1 中使用没有任何问题，file2 中引用静态变量 n 时报错，错误信息：对‘n’未定义的引用。

风险类型：编译发现，属于缺陷级风险。

规避建议：AS0510 慎用。若变量需要在其他文件中访问，应当定义为全局变量而不应该定义为静态变量。

尝试将“static int n; //定义静态全局变量”改为“int n; //定义全局变量”。再次编译运行程序，可以发现两者不同(见图 5-20)。

示例：

```
//file1.cpp
#include<iostream>
using namespace std;

void fun();
int n;                  //定义全局变量
int main(){
    n=20;
    cout<<n<<endl;
    fun();
    return 0;
}
```

(a)file 1

```
//file2.cpp
#include<iostream>

using namespace std;
extern int n;
void fun(){
    n++;
    cout<<n<<endl;
}
```

(b)file 2

图 5-20

此次编译通过,输出:20;

21。

5.3 风险规避建议

针对以上分析的可能出现的问题,下述给出风险规避的具体建议。

规避建议:AS0501 慎用。静态成员函数中不要使用非静态成员变量。

规避建议:AS0502 慎用。最简单的方法就是将静态函数中用到的成员变量声明为静态成员变量。

规避建议:AS0503 慎用。定义一个对象指针作为静态成员函数的"this"指针,模仿传递非静态成员函数里 this 变量,以达到访问类的非静态成员变量的目的。

规避建议:AS0504 建议规避。在没有给类分配空间时不要在静态成员函数中使用非静态成员变量。

规避建议:AS0505 慎用。不要通过类名来调用类的非静态成员,可以通过建立具体的类对象来调用静态成员函数和非静态成员函数。

规避建议:AS0506 建议规避。禁止在类中初始化静态成员变量。

规避建议:AS0507 慎用。在类外对类的静态成员变量进行初始化。

规避建议:AS0508 慎用。类的静态成员变量必须先初始化再使用。

规避建议:AS0509 慎用。静态成员函数在类外实现时,不能加 static 关键字。

规避建议:AS0510 慎用。若变量需要在其他文件中访问,应当定义为全局变量而不应该定义为静态变量。

5.4 本章小结

本章对静态成员的应用以及可能会出现的安全隐患进行了详细的分析和阐述,并对可能造成重大安全隐患的风险给出了安全实例;针对可能存在的安全风险,给出了相应的风险规避策略。

第6章 异常管理

C++语言中处理异常的过程是这样的：在执行程序时发生异常，可以不在本函数中处理，而是抛出一个错误信息，把它传递给上一级的函数来解决，上一级解决不了，再传给其上一级，由其上一级处理。如此逐级上传，直到最高一级还无法处理的话，运行系统会自动调用系统函数 terminate，由它调用 abort 终止程序。这样的异常处理方法使得异常引发和处理机制分离，不在同一个函数中处理。这使得底层函数只需要解决实际的任务，而不必过多考虑对异常的处理，而把异常处理的任务交给上一层函数去处理。

程序中的错误分为编译时的错误和运行时的错误。编译时的错误主要是语法错误，比如句尾没有加分号，括号不匹配，关键字错误等，这类错误比较容易修改，因为编译系统会指出错误在第几行，什么错误。而运行时的错误则不容易修改，因为其中的错误是不可预料的，或者是可以预料但无法避免的，比如内存空间不够，或者在调用函数时，出现数组越界等错误。如果对于这些错误没有采取有效的防范措施，那么往往会得不到正确的运行结果，程序不正常终止，或严重的会出现死机现象。这里把程序运行时的错误统称为异常，对异常进行处理称为异常处理。C++语言中所提供的异常处理机制结构清晰，在一定程度上可以保证程序的健壮性。

C++语言的异常处理机制由 3 部分组成：try(检查)，throw(抛出)，catch(捕获)。把需要检查的语句放在 try 模块中，检查语句发生错误，throw 抛出异常，发出错误信息，由 catch 来捕获异常信息，并加以处理。一般 throw 抛出的异常要和 catch 所捕获的异常类型所匹配。异常处理的一般格式如图 6-1 所示。

示例：

```
try
  {
    被检查语句
    throw 异常
  }
catch(异常类型 1)
  {
    进行异常处理的语句 1
  }
catch(异常类型 2)
  {
    进行异常处理的语句 2
  } ...
```

图 6-1 异常处理一般格式

程序人员在编写软件时,不仅要考虑代码的正确性,更要考虑程序的容错能力,在特殊环境或者是环境配置不正确,亦或是操作不正确时,不能引发死机,更不能造成严重的后果。程序在运行时出现错误是不可避免的,如内存不足、文件打开失败、数组下标溢出等,这时要尽力做到排除错误,使程序能够继续运行。面向对象编程语言的异常管理机制就是解决这种问题的。

6.1 异常管理概述

异常处理的基本思想是:当出现一个错误时,抛出一个异常,希望它的调用者能够捕获并处理这个异常。如果调用者也不能处理这个异常,那么异常会传递给其上级调用,直到被捕获处理为止。如果程序始终没有处理此异常,最终此异常将会被传递到C++语言运行环境,运行环境捕获后通常只是简单地终止此程序。异常机制使得正常代码和错误处理代码清晰地划分开来,使程序变得非常简洁且易于维护。

在程序的运行过程中,出现错误和异常是不可避免的,如果异常处理得当,将会避免造成严重的损失;如若异常处理不当,可能会导致整个程序的混乱崩溃,有时甚至会导致灾难性的后果。因此,异常管理的安全性问题不容忽视。

6.2 异常管理风险分析

当使用C++语言面向对象语言开发航空机载软件时,如果对语言本身的限制没有充分的了解,且语言的运行时环境对一些错误没有进行相应的检查,就可能导致使用C++语言语言编写的软件存在安全风险,给软件的运行带来安全隐患。异常管理作为C++语言语言的错误处理机制,如果能够恰当地使用,就可以很好地提高程序的鲁棒性和灵活性。但是,如果异常机制使用不当,会直接导致程序运行效率低下,甚至使程序直接崩溃。异常的不当使用主要表现在两方面:①程序中滥用异常;②所使用的异常处理导致程序的控制流程混乱。在大型的C++语言软件项目开发中,由异常引起的程序控制流程转移可能导致内存泄漏,引用无效指针等程序安全问题。

C++语言语言在航空软件开发中存在的与异常相关的安全风险主要有以下几种表现形式。

1. 不恰当的定义try,throw和catch

不恰当地定义try,throw,catch语句,可能导致语句的滥用,造成程序的混乱,降低程序的效率,带来难以预估的风险,甚至直接导致程序的终止。

2. 非法抛出异常

非法抛出异常是指程序中由于抛出异常而破坏了程序的安全性。此类程序漏洞可能会引起资源泄漏、重复释放资源等问题,甚至会导致程序异常终止,此操作应严格禁止。

常见非法抛出异常主要有:在动态释放内存资源前抛出异常;在分配堆空间的构造函数中抛出异常;在释放堆空间的析构函数中抛出异常;在动态构造对象时使用的构造函数中抛出异

常;在动态析构对象时使用的析构函数中抛出异常;在 new 操作符重载函数中抛出异常;在 delete 操作符重载函数中抛出异常;等等。

在C++语言类的设计中,如果程序员在动态构造对象时使用构造函数抛出异常,并且在该对象被构造前就已经存在构造成功的对象,那么这些已构造成功的对象将不能被析构,其占用的内存空间也无法释放,从而直接导致内存泄漏。

3.不恰当地抛出异常

不恰当地抛出异常是指程序中由于抛出异常而影响程序流程,或者破坏了程序内部异常处理逻辑。此类程序漏洞会引起程序流程混乱等严重问题,往往造成程序出现无法预料的结果,此类程序安全漏洞可以通过改进程序来避免。

常见不恰当地抛出异常主要有以下几种:

(1)抛出违反函数异常规格声明的异常;

(2)抛出指针类型的异常;

(3)抛出违反异常中立条件的异常;

(4)重新抛出同类型异常时仍带有异常变量。

异常中立是指函数将捕获的异常重新正确地传递给调用者。例如,某些比较复杂的程序可允许多个处理程序访问被重新抛出的异常,一个异常处理程序可能只处理异常的一个方面,而另一个处理程序处理该异常的另一个方面。异常中立要求程序员在抛出特定的异常后能将该异常继续抛出,被后面的函数捕获。如果程序掩盖异常或者重新抛出一个新类型的异常,就有可能导致程序得到错误的信息,影响后续程序的正确分析。因此确保程序中重新抛出的异常变量与其捕获的异常变量的数据类型一致对于安全编程是非常必要的。

在使用基类对象的引用形式捕获到派生类异常的 catch 子句中,如果程序员混淆了基类与派生类的对象,并在需要重新抛出异常的语句中添加了异常变量,就有可能由于使用被混淆的异常变化而抛出一个与捕获的异常类型不一致的异常。

4.不恰当地捕获异常

不恰当地捕获异常是指程序在使用 catch 语句中捕获异常时未能正确安排 catch 语句的顺序。此类安全漏洞往往出现在派生层次结构的异常处理中,捕获的异常信息不完整或不正确,导致异常被错误处理。

对于派生层次结构的异常处理,由于捕获基类异常的 catch 子句可以捕获派生类异常,所以 catch 序列的顺序就显得格外重要。如果程序中既要捕获基类异常,又要捕获派生类异常,而程序员没有将捕获基类异常的 catch 子句放在 catch 序列的末尾,则程序就有可能因错误地捕获到派生类异常造成该异常被错误地处理。

针对以上存在的安全风险,下面通过对每一种风险设计安全漏洞实例,具体分析和讨论这些安全风险产生的原因及特点,并最终给出安全编程规避策略。

当程序在进行异常处理时,若未能按照C++语言标准中规定的语法规则正确定义 try, throw 和 catch,就会导致程序混乱、异常类型不匹配等错误。此类常见的异常主要有下面两种:throw 和 catch 的异常类型未能严格匹配及 throw 语句未被定义在 try 语句块中。

6.2.1 RV0601 滥用 try,throw,catch 风险

风险描述:异常处理的本质是控制流程的转移,但异常机制是针对错误处理的,仅在代码

可能出现异常的情况下使用,不能用来实现普通的流程转移(见图 6-2)。

示例:

```
void fun()
{
    try
    {
      if(x<10)
      {
        throw(10);
      }
      //Action "A"
    }
    catch(int 32_t y)
    {
    …}
```

(a)

```
void fun()
{
    if(x<10)
    {
        //Action "B"
    }
    else
    {
        //Action "A"
    }
```

(b)

图 6-2　滥用 try,throw,catch 语句实现流程转移示例代码

案例分析:图 6-2 所示示例中,在函数 fun()中用 try,throw,catch 语句实现流程转移,当然,这样做语法上不会出现什么问题,但杀鸡焉用牛刀。这样不仅会降低程序的可读性,还会带来更大的开销。实际上,如图 6-2(b)所示,用一个简单的 if 语句就可以实现上述逻辑。同样,出于程序流程的清晰性考虑的还有不允许通过 goto 或者 switch 语句跳转到 try 或 catch 语句块内。

风险类型:C++语言语法允许,编译通过,属于瑕疵级风险,测试可能无法发现。

规避建议:AS0601 建议规避。禁止滥用 try,throw,catch 语句实现普通的流程转移。异常处理的本质是控制流程的转移,但异常机制是针对错误处理的,仅在代码可能出现异常的情况下使用,不能用来实现普通的流程转移。

6.2.2　RV0602 throw 和 catch 的异常类型未能严格匹配风险

风险描述:异常抛出(throw)是指当函数遇到预期无法处理的问题时,将控制权转交给其他函数或系统的程序流程转移方法。函数将无法处理的问题转交给系统处理时,系统会调用库函数 terminate(),默认情况下库函数 terminate()调用 abort()函数终止程序,此操作超出了程序员的控制权限,将会产生无法预期的后果,为了避免这种情况的发生,就需要程序员自己设计相匹配的异常抛出和异常捕获代码。

异常抛出和异常捕获之间进行类型匹配时要比函数调用更严格,类型之间必须进行严格的匹配,不允许进行隐式转换。但两种情况除外:①派生类与基类之间的转换,即用来捕获基类异常的 catch 子句也可以捕获派生类异常,而且这种基类与派生类之间的异常类型转换可用于数值、引用及指针;②带有 const void * 的指针可以捕获任何指针类型的异常(见图 6-3)。

示例：

```
#include<iostream>
using namespace std;
class A
{
    int ID_;
    public:
    A(int id):ID_(id)
    {
        if(ID_==2)   throw ID_;          //抛出整形数据类型的异常
    }
    ~A(){}
};

int main()
{
    int n=2;
    try {A a(n);}
    catch(unsigned int){ }               //unsigned int 与 int 不是严格匹配
    return 0;
}
```

图 6-3　throw，catch 异常类型未严格匹配风险示例代码

案例分析：图 6-3 所示示例中，程序在类 A 的构造函数中抛出了整型数(int)类型异常，但在 try 语句块后只有一个可以捕获无符号整型数类型异常的 catch 子句，由于抛出的异常和捕获的异常类型不是严格匹配，此异常将不能被捕获，造成程序异常终止。

风险类型：C++语言语法允许，编译通过，属于缺陷级风险，测试可以发现。

规避建议：AS0602 慎用。异常抛出和异常捕获之间类型必须保持严格一致。

规避建议：AS0603 慎用。程序员在程序中使用异常处理时，要严格按照异常匹配原则，有针对性地抛出异常，并且要确保在 catch 子序列中存在抛出的异常类型严格匹配的异常捕获程序与其对应。

6.2.3　RV0603 throw 语句未被定义在 try 语句块中风险

风险描述：异常抛出和异常捕获并不是一一对应的关系，可能是多对一的关系。如果在一个函数抛出异常后，throw 语句未被定义在 try 语句块中，在异常处理过程中找不到与之匹配的 catch 子句，此异常不能被捕获，就会导致此程序异常终止(见图 6-4)。

示例:

```
#include<iostream>
using namespace std;

class A
{
    int ID_;
    public:
    A(int id):ID_(id)
    {
      ID_++;
    }
    ~A(){}
};

int main()
{
    int n;
    cout<<"please input a number:";
    cin>>n;
    A a(n);
    if(n==2)   throw n;
    try {
        A a(n);
      }
    catch(int){
      cout<<"the number of the risk is "<<n<<endl;
    }
    return 0;
}
```

图 6-4　throw 语句未被定义在 try 语句块中风险示例代码

案例分析:图 6-4 所示示例中,当输入的变量值等于 2 时,抛出一个整型数据类型的异常,程序的本意是在下面的 catch 块中捕获此异常并对异常进行处理,但是此 throw 语句未定义在 try 语句块中,导致后边的 catch 语句无法捕获此异常,造成与程序员预期不符的风险。

风险类型:C++语言语法允许,编译通过,属于缺陷级风险,测试可能无法发现。

规避建议:AS0604 慎用。抛出异常的 throw 语句必须定义在相应的 try 语句块中,保证后边的 catch 语句块可以捕获此异常,并进行后续的处理。

6.2.4　RV0604 在动态释放内存资源前抛出异常风险

风险描述:内存资源是非常宝贵的资源,要充分地利用内存资源。若系统在释放内存资源前抛出异常,将可能导致其占用的内存空间无法释放,从而直接导致内存泄漏的风险(见

图6－5）。

示例：

```
#include<iostream>
using namespace std;
class A
{
    int i;
    public:
    A(int i):i(i)
    {
      if(i==2)
      throw i;
    }
    ~ A(){}
};

int main()
{
    try
    {
      A *a=new A(1);            //对象 a 构造成功
      A *b=new A(2);            //对象 b 构造失败
      delete a;                 //此语句不被执行
      delete b;                 //此语句不被执行
    }
    catch(int id)
    {}
    return 0;
}
```

图 6－5　在动态释放内存资源前抛出异常风险示例代码

案例分析：图 6－5 所示示例中，虽然程序在 try 语句块中配对地使用了 new 和 delete 操作符分别为对象 a 和 b 动态分配和释放了内存，但是程序中却隐藏着经常被程序员忽视的安全隐患——构造函数的内部实现中抛出了异常。

问题是这样产生的：程序员首先成功地动态构造了对象 a，为其动态分配了内存空间。在动态构造对象 b 时使用的构造函数中抛出了异常，导致对象 b 构造失败，但是动态分配内存空间的操作却已经成功完成。这是因为 C＋＋语言标准规定：动态构造一个对象的顺序是先为其动态分配内存空间，再调用构造函数构造并初始化这个对象。C＋＋语言标准又规定：如果程序在动态构造对象时使用的构造函数中抛出异常，那么系统会自动调用 operator delete()函数，程序员无须手工调用该函数。在本示例中，程序员没有重载这个函数，则系统将调用缺省的 operator delete()函数，以保证及时释放对象 b 占有的内存空间。最后，程序控制流转移到 catch 子句捕获并处理构造函数中抛出的异常，这使得语句“delete a;”和“delete b;”均不能被执行，从而造成对象 a 不能被析构，其占有的堆空间不能被释放，导致内存泄漏。而对于语句“delete b;”而言,其本身并没有存在的必要,因为系统会自动调用 operator delete ()函数释放对象 b 占有的内存空间,这里不会引起内存泄漏。

风险类型:C++语言语法允许,编译通过,属于缺陷级风险,测试难以发现。

规避建议:AS0605 慎用。异常从抛出到捕获可能需要跨越几层函数调用,很难确定动态申请的内存资源是否已经释放,所以程序员在设计程序时应当明确程序各个模块的功能。特别是在使用动态资源时,要特别注意在构造函数中是否有异常被抛出,如果有,程序员应当慎用动态资源或者不用。

6.2.5 RV0605 抛出违反函数异常规格说明的异常风险

风险描述:如果一个函数声明时包括一个异常规范,那么它只能抛出指定类型的异常。如果违反异常规格说明,抛出异常的类型不包括在规范中,函数 unexpected()将被调用。此函数的作用范围覆盖整个项目,但默认情况下会引起一个 std:bad_exception 异常。如果 std:bad_exception 不存在于异常规范列表中,那么 terminate()将被调用,导致程序以实现定义的方式终止(见图 6-6)。

示例:

```
void foo()                          //foo 没有异常规范,所以可以传播任何类型的异常,包括 int
{
    throw(21);
}
void goo() throw(Exception)         //goo 指定了抛出异常的类型,如果 foo 抛出一个 int 异常,函数
                                      unexpected()被调用,可能会终止程序
{
    foo();                          //不符合 int 未在抛出规范中列出
}
```

图 6-6 抛出违反函数异常规格说明的异常风险示例代码

案例分析:图 6-6 所示示例中,函数 foo()抛出了一个 int 型的异常,因为 foo()没有异常规范,所以是可以抛出任意类型的异常的,包括 int 型;而函数 goo 已指定了抛出异常类型,如果在程序的调用过程中,foo()抛出一个 int 型异常,此异常不在指定的抛出异常规范中,则系统会调用 unexpected()函数,终止此程序。

风险类型:C++语言语法允许,编译通过,属于缺陷级风险,测试可发现。

规避建议:AS0606 慎用。如果一个函数声明时包括一个异常规范,那么它只能抛出指定类型的异常。

6.2.6 RV0606 一个函数在不同编译单元中有不同的异常规范风险

风险描述:如果一个函数在不同的编译单元中有不同的异常规范,那么将会导致不确定的行为,造成安全风险。

函数的代码结构如下:

返回值类型 函数名(形参表)

throw(类型名表){函数体}

如果函数在声明时没有异常规范,那么它可以抛出任意类型的异常对象;如果异常类型为空,则表示不抛出任何类型异常。注意这两者之间的区别,前者指没有 throw(类型名表)语句,而后者有 throw(类型名表),只是类型名表为空。但如果声明时指定了异常的类型,那么它只能抛出指定类型的异常。

函数原型中的异常声明要与实现中的异常声明一致,否则会引起异常冲突。由于异常机制是在运行出现异常时才发挥作用的,所以如果函数实现中抛出了没有在其异常声明列表中列出的异常,编译器也许不能检查出来。当抛出一个未在其异常声明列表里的异常类型时,unexpected()函数会被调用,默认会导致 std::bad exception 类型的异常被抛出。如果 std::bad exception 不在异常声明列表里,又会导致 terminate()被调用,从而导致程序结束(见图6-7)。

示例:

```
//编译单元 A
void foo() throw (const char_t *)
{
    throw "Hello World!";
}                                       //编译单元 B
                                        //foo 在这个编译单元以不同的异常规范声明
extern void foo() throw (int32_t);      //不符合 不同的说明
void b() throw (int32_t)
{
    foo();                              //这里的行为是不明确的
}
```

图6-7 函数在不同编译单元中有不同的异常规范风险示例代码

案例分析:图6-7所示示例中,在编译单元 A 中定义了 foo()函数,此函数可抛出一个字符型指针类型的异常;而在编译单元 B 中,对 foo()函数的异常规范声明做了修改,抛出一个32位整型类的异常;当在主函数中调用 foo()函数时,将会发生无法预期的错误,导致程序终止。

风险类型:C++语言语法允许,编译通过,属于缺陷级风险,测试可发现。

规避建议:AS0607 慎用。如果一个函数声明时指定了异常的类型,那么在其他编译单元里该函数声明必须有同样的指定。另外,函数原型中的异常声明要与实现中的异常声明一致。

6.2.7 RV0607 抛出指针类型的异常风险

风险描述:如果抛出的异常对象是个指针类型,指向的是动态创建的对象,那么这个对象应该由哪个函数来负责销毁,什么时候销毁,都不明确。比如说,如果是在堆中建立的对象,那通常必须删除,否则会造成资源泄漏;如果不是在堆中建立的对象,通常不能删除,否则程序的行为将不可预测(见图6-8)。

示例：

```
class A
{
    //实现
};
void fun(int16_t i)
{
    static A a1;
    A * a2=new A;
    if(i>10)
    {
      throw(&a1);                  //不符合 抛出指针类型
    }
    else
    {
      throw(a2);                   //不符合 抛出指针类型
    }
}
```

图 6-8　抛出指针类型的异常风险示例代码

案例分析：图 6-8 所示示例中，定义了类 A，在 fun()函数中定义了 A 类型的两个对象 a1，* a2，在函数中抛出了指针类型的异常，而抛出的指针类型的对象 &a，a2 应该由哪个函数负责销毁，什么时候销毁，都不清楚，如果是在堆中建立的对象，那通常必须删除，否则会造成资源泄漏；如果不是在堆中建立的对象，通常不能删除，否则程序的行为将不可预测。

风险类型：C++语言语法允许，编译通过，属于缺陷级风险，测试可发现。

规避建议：AS0608 禁用。禁止抛出指针类型的异常。

6.2.8　RV0608 throw 语句中引发新的异常风险

风险描述：throw 语句中的赋值表达式本身不能引发新的异常，如果在构造异常对象，或者计算赋值表达式时引发新的异常，那么新的异常会在本来要抛出的异常之前被抛出，这可能与程序员的预期不一致(见图 6-9)。

示例：

```
class E1
{
    public:
    E1(){ }                          //假设构造函数不能引发异常
};
try
{
```

图 6-9　throw 语句中引发新的异常风险示例代码

```
        if(…)
        {
          throw E1();              //符合构造这个对象时没有异常抛出
        }
    }

    //构造 E2 导致抛出了一个异常
    class E2
    {
        public:
        E2()
        {
          throw 10;
        }
    };
    try
    {
        if(…)
        {
          throw E2();    //不符合构造 E2 的对象时有 int 异常抛出
        }
    }
```

续图 6－9　throw 语句中引发新的异常风险示例代码

案例分析：图 6－9 所示示例中，class E1 中构造函数 E1()中没有引发新的异常，因此在构造具体对象时，不会抛出异常。而在 classE2 中，构造函数 E2()中抛出了异常，在构造 E2 对象时，抛出异常，导致构造对象失败。

正确的做法如图 6－10 所示。

示例：

```
    class E2
    {
        public:
        E1(){ }                   //假设构造函数不能引发异常
    };
    try
    {
        if(…)
        {
          throw E1();             //符合构造这个对象时没有异常抛出
        }
    }
```

图　6－10

风险类型：C＋＋语言语法允许，编译通过，属于缺陷级风险，测试可发现。

规避建议:AS0609 禁用。在编程过程中,必须保证抛出异常的 throw 语句中不会引发新的异常。

6.2.9 RV0609 显式地把 NULL 作为异常对象抛出风险

风险描述:不能显式地把 NULL 作为异常对象抛出。因为 throw(NULL) =throw(0),因此 NULL 会被当作整型捕获,而不是空指针常量,这可能与程序员的预期不一致(见图 6-11)。

示例:

```
try
{
    throw(NULL);                                          //不符合
}
catch(int32_t i)                                          //在这里处理空异常
{
    //…
}
catch(const char_t *)                                     //开发者可能预期在这里捕获它
{
    //…
}
char_t *p=NULL;
try
{
    throw(static_cast<const char_t *>(NULL));             //符合,但是破坏了规则
    throw(p);                                             //符合
}
catch(int32_t i)
{
    //…
}
catch(const char_t *)                                     //两个异常处理
{
    //…
}
```

图 6-11 显式地把 NULL 作为异常对象抛出风险

案例分析:上述程序代码中,第一个 try 语句块中显式地把 NULL 作为异常对象抛出,程序的本意是想在 catch(const char_t *) 语句处捕获此异常并进行处理;但是因为 throw(NULL) =throw(0),因此,NULL 被当作整型在第一个 catch(int32_t i) 处被捕获,造成与程序员预期不符的错误。

风险类型:C++语言语法允许,编译通过,属于瑕疵级风险,测试可发现。

规避建议:AS0610 建议规避。禁止显式地将 NULL 作为异常对象抛出。

6.2.10 RV0610 catch语句块外使用空的throw语句风险

风险描述：空的throw语句只能出现在catch语句块中。空的throw语句用来将捕获的异常再抛出，可以实现多个处理程序间异常的传递。然而，如果在catch语句外用，由于没有捕获到异常，也就没有异常对象可以再抛出，这样会导致程序以不确定方式终止(见图6-12)。

示例：

```
void f1(void)
{
    throw;              //不符合
}
void g1(void)
{
    try
    {
      throw;            //不符合
    }
    catch(…)
    {
      //…
    }
}
```

图6-12 catch语句块外使用空的throw语句风险示例代码

案例分析：图6-12所示示例中，在catch语句块外使用了空的throw语句，由于没有捕获到异常，也就没有异常对象可以再抛出，这样会导致程序以不定的方式终止。

风险类型：C++语言语法允许，编译通过，属于缺陷级风险，测试可发现。

规避建议：AS0611建议规避。空的throw语句只能出现在catch语句块中，保证程序在捕获异常进行处理后，再抛出。

正确的做法如图6-13所示。

示例：

```
void f2(void)
{
    try{
      throw(42);
    }
    catch(int32_t i)                //int将在这首先处理
    {
      if(i>0){ throw; }             //然后重新抛出符合
```

图6-13 空的throw语句正确使用方法示例代码

```
    }
}

void g2(void)
{
    try{
        f2();
    }
    catch(int32_t i){//f2 的处理重新抛出
//在 f2 的处理程序做了它所需要的之后
    }
}
```

续图 6-13　空的 throw 语句正确使用方法示例代码

6.2.11　RV0611 程序初始化阶段或终止阶段抛出异常风险

风险描述:异常只能在初始化之后,而且必须是程序结束之前抛出。在执行 main 函数体之前,是初始化阶段,构造和初始化静态对象;在 main 函数返回后,是终止阶段,静态对象被销毁。在这两个阶段中如果抛出异常,会导致程序以不确定的方式终止(这依赖于具体的编译器)(见图 6-14)。

示例:

```
class C
{
public:
    C()
    {
        throw(0);                    //不符合 在主函数初始化之前抛出
    }
    ~C()
    {
        throw(0);                    //不符合 在主函数结束之后抛出
    }
};

C c;                                 //C 的构造函数或析构函数抛出一个异常将导致程序终止
                                     //不会被主程序捕获
int main(…)
{
    try
    {
```

图 6-14　程序初始化阶段或终止阶段抛出异常风险示例代码

```
        //程序代码
        return 0;
    }//以下的 catch 语句(所有的异常处理)只能捕获在上面程序代码中抛出的异常
    catch(…)
{
//异常处理
        return 0;
    }
}
```

续图 6-14 程序初始化阶段或终止阶段抛出异常风险示例代码

案例分析:图 6-14 所示示例中,catch 块只能捕获上面 try 块中的异常。如果在对象 c 的构造函数或析构函数中抛出异常,并不能被 main 里的 catch 块捕获,而且会导致程序终止。

风险类型:C++语言语法允许,编译通过,属于严重级风险,测试可发现。

规避建议:AS0612 禁用。异常只能在初始化之后,而且程序结束之前抛出。

6.2.12 RV0612 重新抛出同类型异常时带有异常变量风险

风险描述:在编程的过程中,若重新抛出同类型异常时带有异常变量,将可能导致重新抛出的异常变量与其捕获的异常变量数据类型不一致,造成后续程序不能对原异常变量进行正确处理的风险。产生此风险的原因是 C++语言规定:异常抛出语句(throw)抛出的异常变量的数据类型是(在程序编译时)静态确定的,编译器会根据该数据类型自动构造异常变量。因此捕获的异常变量是编译器根据数据类型自动构造的异常变量(见图 6-15)。

示例:

```
#include<iostream>
using namespace std;
class Base
{
    public:
    virtual void handle(){}
};
class Derived:public Base
{
    public:
    virtual void handle()
    {
      Base::handle();
    }
};
```

图 6-15 重新抛出同类型异常时带有异常变量风险示例代码

```
int main()
{
    Base bobj;
    Derived dobj;
    try
    {                                   //抛出派生类异常
                                        //静态构造一个派生类异常变量
      try{throw dobj;}
      catch(Base &base)                 //可以捕获派生类异常
      {
        Base.handle();                  //动态调用
        base.Derived::handle();
        throw base;                     //抛出基类异常
                                        //静态构造一个基类异常变量
      }
    }
    catch(Base &b)                      //捕获基类异常
    {
        b.handle();
    }
    return 0;
}
```

续图 6-15　重新抛出同类型异常时带有异常变量风险示例代码

案例分析:图 6-15 所示示例中,程序的原意是在捕获派生类异常后将其重新抛出,并在后续程序中继续将该派生类异常捕获,但是程序的结果却与预期结果不符。问题是这样产生的:程序第一次抛出的是派生类异常,其后的 catch 子句使用基类对象的引用形式将其捕获,此时可以得到被捕获的派生类对象的完整信息。但是当程序员在这个 catch 子句中希望通过语句“throw base;”再次抛出派生类异常时,实际抛出的却是基类异常。后续的 catch 子句将捕获到这个基类异常,然而却因为无法获得原派生类对象的完整信息而造成异常处理函数不能对其做出正确的处理,从而破坏了程序的安全性。造成此类错误的原因是第一个 catch 子句中 base 虽然可以看成是派生类对象 dobj 的别名,但其自身的类型是基类类型。这是因为C++语言标准规定:异常抛出语句(throw)抛出的异常变量的数据类型是(在程序编译时)静态确定的,编译器会根据该数据类型自动构造异常变量。所以,语句“throw base;”抛出的是程序在编译时静态构造的基类类型异常。

风险类型:C++语言语法允许,编译通过,属于缺陷级风险,测试可发现。

规避建议:AS0613 慎用。在编程的过程中,程序员应当保证重新抛出的异常变量与其捕获的异常变量的数据类型一致,以避免造成后续程序不能对原异常变量进行正确的处理。为了确保这一点,程序员不要在重新抛出同类异常的 throw 语句中给出异常变量,写出“throw”的形式即可。

6.2.13 RV0613 不恰当地捕获异常风险

风险描述：不恰当地捕获异常是指程序在使用catch语句捕获异常时未能正确安排catch语句的顺序。此类安全漏洞往往出现在派生层次结构的异常处理中，捕获的异常信息不完整或不正确，导致异常被错误处理。

对于派生层次结构的异常处理，由于捕获基类异常的catch子句可以捕获派生类异常，所以catch序列的顺序就显得格外重要。如果程序中既要捕获基类异常，又要捕获派生类异常，而程序员没有将捕获基类异常的catch子句放在catch序列的末尾，则程序就有可能因错误地捕获到派生类异常造成该异常被错误地处理（见图6-16）。

示例：

```
#include<iostream>
using namespace std;
class Base
{
    public:
    virtual void handle()
    {}
};
class Derived:public Base
{
    public:
    void handle()
    {
      Base::handle();
    }
};

void main()
{
    Base bobj;
    Derived dobj;
    try{throw dobj;}
    catch(Base b)
    {                             //可以捕获所有基类与派生类异常
      b.handle();
    }
    catch(Derived b)
    {                             //不能捕获到任何派生类异常
      b.handle();
    }
}
```

图6-16 不恰当地捕获异常风险示例代码

案例分析：图 6-16 所示示例中，Base 是基类，dobj 是其派生类 Derived 的一个对象。程序错误地将捕获基类异常的 catch 子句放在了捕获派生类异常的 catch 子句之前，导致程序中抛出的所有派生类异常只能被前者捕获，而后者永远不能被执行，造成不能对派生类异常进行正确的处理。

风险类型：C++语言语法允许，编译通过，属于缺陷级风险，测试可发现。

规避建议：AS0614 慎用，在含有派生层次结构的异常处理程序中，应该将捕获基类异常的 catch 子句放在 catch 序列的末尾，以确保程序中抛出的基类与派生类异常都能够被恰当的捕获并进行正确的处理。

规避建议：AS0615 慎用，若一个 try-catch 语句块或者 function-try-block 块有多种处理程序，处理程序的顺序应该是先派生类再基类。

规避建议：AS0616 慎用，若一个 try-catch 语句块或者 function-try-block 块有多种处理程序时，catch()处理程序(捕获所有异常)应该放在最后。

这是因为根据类型兼容规则，异常对象为派生类时可以被针对基类的处理程序所捕获。如果针对基类的处理程序放在前面，后面针对派生类的处理程序就不会被执行到。同理，catch()处理程序能捕获到所有类型的异常，在其后面所有的异常处理程序都不会被执行到。

6.2.14 RV0614 类的构造函数和析构函数在 catch 中使用非静态成员

风险描述：如果类的构造函数和析构函数是 function-try-block 结构的，在 catch 处理程序中引用该类或其基类的非静态成员的后果是未定义的。

比如，在构造对象时抛出一个内存分配异常，当处理函数企图访问它的成员时，这时对象还不存在。相反，在析构函数里，可能在异常处理程序执行前该对象已被成功销毁了，也就无从访问其成员了。

相比之下，静态成员的生命周期大于对象本身，所以当处理程序访问它时，静态成员保证存在(见图 6-17)。

示例：

```
class C
{
public:
    int32_t x;
    C()
    try
    {
                        //可能引起异常的动作
    }
    catch(…)
    {
      if(0==x)          //不符合 在这个地方 x 可能不存在
```

图 6-17 类的构造函数和析构函数在 catch 中使用非静态成员风险示例代码

```
        {
//执行的动作依赖于 x 的值
        }
        }
~C()
        try
        {
//可能引起异常的动作
        }
        catch(…)
        {
          if(0==x)          //不符合 在这个地方 x 可能不存在
          {
//执行的动作依赖于 x 的值
          }
        }
};
```

续图 6-17　类的构造函数和析构函数在 catch 中使用非静态成员风险示例代码

案例分析：图 6-17 所示示例中，类 C 在其构造函数 C()和析构函数～C()的 catch 语句中使用了动态变量 x，后续的处理都依赖于变量 x 的值；在构造对象时抛出一个内存分配异常，当处理函数企图访问它的成员时，这时对象还不存在。相反，在析构函数里，可能在异常处理程序执行前该对象已被成功销毁了，也就无从访问其成员了。

风险类型：C++语言语法允许，编译通过，属于缺陷型风险，测试可发现。

规避建议：AS0617 慎用。最好禁止在类的构造函数和析构函数抛出的异常中使用非静态成员变量。若构造函数和析构函数中需要抛出异常和异常处理，则使用静态成员变量，以避免产生错误。

6.2.15　RV0615 异常对象为类的对象时捕获异常风险

风险描述：若异常对象为类的对象时，应该通过引用来捕获。若通过值传递，不但会增加拷贝对象的开销，而且还会出现“退化”问题。如果异常对象是一个派生类对象，但被作为基类捕获，那么只有基类的函数（包括虚函数）能被调用，派生类中所增加的数据成员都不能被访问。如果通过引用捕获这个异常，就不会出现这样的问题（见图 6-18）。

示例：

```
class ExpBase                //异常基类
{
    public:
    virtual const char_t * who(){
      return"base";
    };
```

图 6-18　异常对象为类的对象时，捕获异常风险示例代码

```
};

class ExpD1:public ExpBase
{
    public:
    virtual const char_t * who(){
      return"type 1 exception";
    };
};

class ExpD2: public ExpBase
{
    public:
    virtual const char_t * who(){
      return"type 2 exception";
    };
};
try
{   //…
    throw ExpD1();
    //…
    throw ExpBase();
}
catch(ExpBase &b)               //符合 通过引用捕获
{
    //…                        //根据抛出对象的类型不同,结果可能是"base"、
  B.who();                     "type 1 exception"或"type 2 exception"
}
//使用上述定义
catch(ExpBase b)                //不符合 派生类会被当做基类捕获
{
   B.who();                     //得到的总是"base"
   throw b;                     //再抛出的是基类,而非原来的异常类型
}
```

续图 6-18　异常对象为类的对象时,捕获异常风险示例代码

案例分析:图 6-18 所示示例中,定义了异常基类 class ExpBase 和其两个异常派生类 class ExpD1,class ExpD1;在其后的 try 语句块中,分别抛出了基类和派生类的异常,第一种情况通过引用来捕获异常,根据具体的情况,可以正确的捕获相应的异常;第二种情况通过值传递的形式捕获异常,派生类抛出的异常将会被误当做基类抛出的异常而被捕获,若再抛出异常,将会抛出基类的异常,而不是原来派生类的异常,将会导致程序出现与程序员预想不一致的风险。

风险类型:C++语言语法允许,编译通过,属于缺陷级风险,测试可发现。

规避建议:AS0618 慎用。若异常对象为类的对象时,应该通过引用来捕获。

6.2.16　RV0616 类的析构函数退出后还有未处理的异常风险

风险描述：类的析构函数退出后不能还有未处理的异常。因为当异常抛出时，会进行栈展开，如果在某个析构过程中引发没有被处理的异常，程序将会以不确定的方式终止。析构函数抛出异常的问题在很多C++语言的书中都有讨论，概括来说：析构函数应尽可能地避免抛出异常，如果的确无法避免，则析构函数自己应该包含处理所有可能抛出的异常的代码。

注意，当异常处理程序在析构函数中时，析构函数抛出异常是可接受的，比如在一个 try-catch 块中(见图 6-19)。

示例：

```
class C1
{
public:
    ~C1()
    {
      try
      {
        throw(42);                //符合 析构函数没有留下异常
      }
      catch(int32_t i)            //int 处理程序
      {
                                  //析构函数抛出 int 异常的处理程序
      }
    }
};

class C2
{
public:
    ~C2()
    {
      throw(42);                  //不符合 析构函数存在异常
    }
};
void foo()
{
    C2 c;                         //当 c 被销毁时，程序终止
    throw(10);
}
```

图 6-19　类的析构函数退出后还有未处理的异常风险示例代码

案例分析：图 6-19 所示示例中，class C1 中的析构函数中抛出了异常，同时对抛出的异常进行了处理，class C2 中的析构函数中抛出了未处理的异常，在 foo()函数中当类 C2 的对象

c被销毁时,将会导致程序以不定的方式终止。

风险类型:C++语言语法允许,编译通过,属于严重性风险,测试可发现。

规避建议:AS0619禁用。类的析构函数退出后不能有未处理的异常。析构函数应尽可能地避免抛出异常,如果的确无法避免,则析构函数自己应该包含处理所有可能抛出的异常的代码。

6.2.17 RV0617 终止函数被隐式调用风险

风险描述:终止函数不应该被隐式调用,调用栈是否在终止函数被调用之前展开是与编译器相关的,所以任何自动对象的析构函数是否执行是不确定的。可能导致安全风险。

风险类型:C++语言语法允许,编译通过,属于缺陷型风险,测试可发现。

规避建议:AS0620禁用。禁止终止函数的隐式调用。

6.3 风险规避建议

针对以上分析的可能出现的问题,下面给出风险规避的具体建议。

规避建议:AS0601建议规避。禁止滥用try,throw,catch语句实现普通的流程转移。异常处理的本质是控制流程的转移,但异常机制是针对错误处理的,仅在代码可能出现异常的情况下使用,不能用来实现普通的流程转移。

规避建议:AS0602慎用。异常抛出和异常捕获之间类型必须保持严格一致。

规避建议:AS0603慎用。程序员在程序中使用异常处理时,要严格按照异常匹配原则,有针对性的抛出异常,并且要确保在catch子序列中存在抛出的异常类型严格匹配的异常捕获程序与其对应。

规避建议:AS0604慎用。抛出异常的throw语句必须定义在相应的try语句块中,保证后边的catch语句块可以捕获此异常,并进行后续的处理。

规避建议:AS0605慎用。异常从抛出到捕获可能需要跨越几层函数调用,很难确定动态申请的内存资源是否已经释放,所以程序员在设计程序时应当明确程序各个模块的功能。特别是在使用动态资源时,要特别注意在构造函数中是否有异常被抛出,如果有,程序员应当慎用动态资源或者不用。

规避建议:AS0606慎用。如果一个函数声明时指定了异常类型,那么它只能抛出指定类型的异常。

规避建议:AS0607慎用。如果一个函数声明时指定了异常的类型,那么在其他编译单元里该函数声明必须有同样的指定。另外,函数原型中的异常声明要与实现中的异常声明一致。

规避建议:AS0608禁用。禁止抛出指针类型的异常。

规避建议:AS0609禁用。在编程过程中,必须保证抛出异常的throw语句中不会引发新的异常。

规避建议:AS0610建议规避。禁止显式地将NULL作为异常对象抛出。

规避建议:AS0611建议规避。AS0611本来是空的throw语句只能出现在catch语句块中，保证程序在捕获异常进行处理后，再抛出。

规避建议：AS0612 禁用。异常只能在初始化之后，而且程序结束之前抛出。

规避建议：AS0613 慎用。在编程的过程中，程序员应当保证重新抛出的异常变量与其捕获的异常变量的数据类型一致，以避免造成后续程序不能对原异常变量进行正确的处理。为了确保这一点，程序员不要在重新抛出同类异常的 throw 语句中给出异常变量，写出“throw”的形式即可。

规避建议：AS0614 慎用。在含有派生层次结构的异常处理程序中，应该将捕获基类异常的 catch 子句放在 catch 序列的末尾，以确保程序中抛出的基类与派生类异常都能够被恰当的捕获并进行正确的处理。

规避建议：AS0615 慎用。若一个 try－catch 语句块或者 function－try－block 块有多个处理程序，处理程序的顺序应该是先派生类再基类。

规避建议：AS0616 慎用。若一个 try－catch 语句块或者 function－try－block 块有多个处理程序时，catch()处理程序(捕获所有异常)应该放在最后。

规避建议：AS0617 慎用。禁止在类的构造函数和析构函数抛出的异常中使用非静态成员变量。若构造函数和析构函数中需要抛出异常和异常处理，则使用静态成员变量，以避免产生错误。

规避建议：AS0618 慎用。若异常对象为类的对象时，应该通过引用来捕获。

规避建议：AS0619 禁用。类的析构函数退出后不能有未处理的异常。析构函数应尽可能地避免抛出异常，如果的确无法避免，则析构函数自己应该包含处理所有可能抛出的异常的代码。

规避建议：AS0620 禁用。禁止终止函数的隐式调用。

6.4 本章小结

本章对 C＋＋语言面向对象语言在开发航空软件时：①对异常管理方面可能出现的安全风险问题进行了分析，并通过实际的案例对可能出现的风险进行预估和分析描述；②针对可能存在的安全风险，通过对每一种风险设计安全漏洞实例，具体分析和讨论这些安全风险产生的原因及特点，并最终给出安全编程规避策略。

第7章 内存管理

根据《C++语言内存管理技术内幕》一书，在C++语言中，内存分成5个区，它分别为堆、栈、自由存储区、全局/静态存储区和常量存储区，见图7-1。

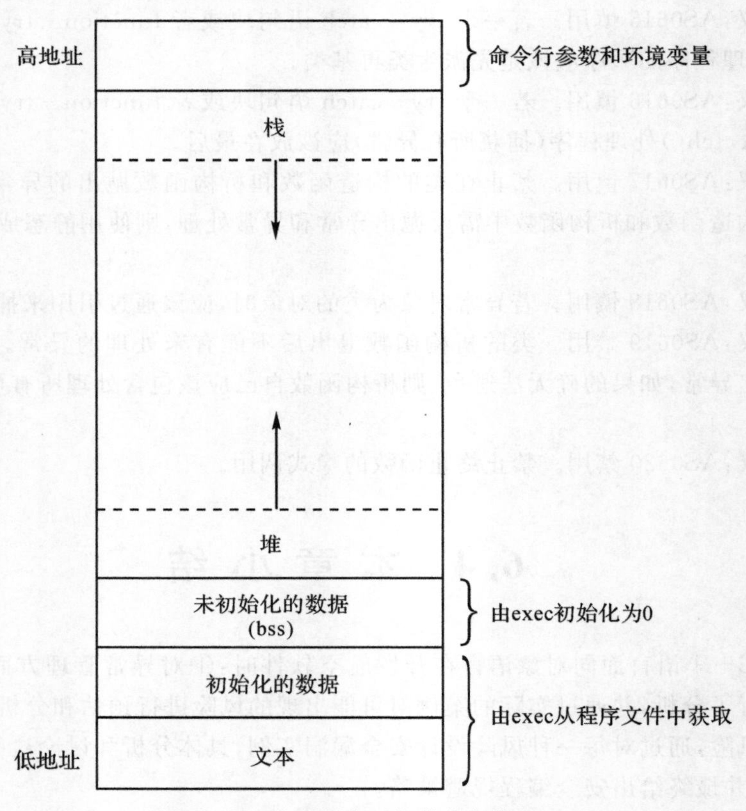

图7-1　C++语言5部分内存分配

(1)栈：内存由编译器在需要时自动分配和释放。通常用来存储局部变量和函数参数(为运行函数而分配的局部变量、函数参数、返回地址等存放在栈区)。栈运算分配内置于处理器的指令集中，效率很高，但是分配的内存容量有限。

(2)堆：内存使用new进行分配，使用delete或delete[]释放。如果未能对内存进行正确的释放，会造成内存泄漏。但在程序结束时，会由操作系统自动回收。

(3)自由存储区：使用malloc进行分配，使用free进行回收，和堆类似。

(4)全局/静态存储区：全局变量和静态变量被分配到同一块内存中，C语言中区分初始化和未初始化的，C++语言中不再区分了(全局变量、静态数据、常量存放在全局数据区)。

(5)常量存储区:存储常量,不允许被修改。

这里,在一些资料中是这样定义 C++语言内存分配的,可编程内存基本上分为这样的几大部分:静态存储区、堆区和栈区。它们的功能不同,对它们的使用方式也就不同(见图7-2)。

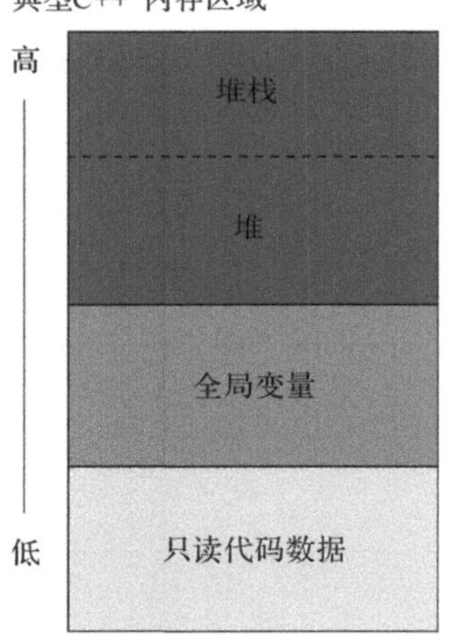

图 7-2　C++语言部分内存分配

(1)静态存储区:内存在程序编译的时候就已经分配好,这块内存在程序的整个运行期间都存在。它主要存放静态数据、全局数据和常量。

(2)栈区:在执行函数时,函数内局部变量的存储单元都可以在栈上创建,函数执行结束时这些存储单元自动被释放。栈内存分配运算内置于处理器的指令集中,效率很高,但是分配的内存容量有限。

(3)堆区:亦称动态内存分配。程序在运行的时候用 malloc 或 new 申请任意大小的内存,程序员自己负责在适当的时候用 free 或 delete 释放内存。动态内存的生存期可以由程序决定,如果程序不主动释放内存,程序将在最后运行结束时才释放掉动态内存。但是,良好的编程习惯是:如果某动态内存不再使用,需要将其释放掉,否则认为发生了内存泄漏现象。

7.1　内存管理概述

7.1.1　内存泄漏的定义

内存泄漏主要是指堆内存的泄漏。堆内存是指程序从堆中分配的,内存块的大小可以在程序运行期决定,大小任意,使用完后必须显式释放的内存。应用程序一般使用 malloc,realloc,new 等函数从堆中分配到一块内存,使用完后,程序必须负责相应地调用 free 或 delete 释放该内存块,否则,这块内存就不能被再次使用,就说这块内存泄漏了。下述程序演示了堆内存发生泄漏的情形(见图 7-3)。

示例:

```
//Example 1
#include <iostream.h>
void funcA(int nSize)
{
    char * p= new char[nSize];      //在堆中分配了一定的内存
    if(funcB()){
      ...
    return;                         //funcB 为真时在这里退出 funcA 却没有将 p 所指向的内存释放掉
    }
    ...
    delete p;                       // funcB 为假时 funcA 从此处退出,释放 p 所指向的内存
}
void main(){
    funcA ();
}
```

图 7-3

当函数 funcB()返回非零的时候,指针 p 指向的内存就不会被释放。这是一种常见的发生内存泄漏的情形。程序在入口处分配内存,在出口处释放内存,但是函数可以在任何其他位置退出,因此一旦有某个出口处没有释放应该释放的内存,就会发生内存泄漏。

广义的说,内存泄漏不仅仅包含堆内存的泄漏,还包含系统资源的泄漏(resource leak),比如核心态 HANDLE,GDI Object,SOCKET,Interface 等,从根本上说这些由操作系统分配的对象也消耗内存,如果这些对象发生泄漏最终也会导致内存的泄漏。而且,某些对象消耗的是核心态内存,这些对象严重泄漏时会导致整个操作系统不稳定。相比之下,系统资源的泄漏比堆内存的泄漏更为严重。

GDI Object 的泄漏是一种常见的资源泄漏(见图 7-4)。

示例:

```
//Example2
#include <iostream.h>
Class A{
    ...
}
voidA::funcA(CDC * pDC)
{
    B bmp;
    B * pB;
    bmp.LoadBitmap(IDB_MYBMP);
    pB=pDC->SelectObject(&bmp);//把 bmp 的位图选择兼容到 pB
    ...
```

图 7-4

```
    if(funB()){
        return;                              //直接退出,未对 pB 进行处理
    }
    pDC->SelectObject(pB);                   //将 pB 的位图数据选择兼容到 pDC
    return;
}
void main(){
    ...
}
```

续图 7-4

当函数 funB ()返回非零的时候,程序在退出前没有把 pB 返还回 pDC 中,这会导致 pB 指向的 HBITMAP 对象发生泄漏。这个程序如果长时间运行,可能会导致整个系统花屏。这种问题在 Win9x 下比较容易暴露出来,因为 Win9x 的 GDI 堆比 Win2k 或 NT 的要小很多。

7.1.2 内存泄漏的发生方式

以发生的方式来分类,内存泄漏可以分为以下 4 种类型。

(1)常发性内存泄漏。发生内存泄漏的代码会被多次执行到,每次被执行的时候都会导致一块内存泄漏。比如 Example 2,如果 funB ()函数一直返回 True,那么 pB 指向的 HBITMAP 对象总是发生泄漏。

(2)偶发性内存泄漏。发生内存泄漏的代码只有在某些特定环境下或操作过程中才会发生。例如 Example 2,如果 funB ()函数只有在特定环境下才返回 True,那么 pB 指向的 HBITMAP 对象并不总是发生泄漏。常发性和偶发性是相对的。对于特定的环境,偶发性的也许就变成了常发性的。因此,测试环境和测试方法对检测内存泄漏至关重要。

(3)一次性内存泄漏。发生内存泄漏的代码只会被执行一次,或者由于算法上的缺陷,导致总会有一块且仅一块内存发生泄漏。比如,在类的构造函数中分配内存,在析构函数中却没有释放该内存,但是因为这个类是一个 Singleton,所以内存泄漏只会发生一次。

另一个例子见图 7-5。

```
//Example3
#include <iostream.h>
char * b=NULL;                              //定义 b 为全局变量
void funcA(const char *  a)
{
    if(b){
        free(b);                            //清空 b
    }
    b=strdup(a);                            //把 a 的内容拷贝到 b 中
}
```

图 7-5

```
void main(){
    char * a="ABCDEFG";
    SetFileName(a);
}
```

续图 7-5

如果程序在结束的时候没有释放 b 指向的字符串，那么，即使多次调用 funcA()，总会有一块内存，而且仅有一块内存发生泄漏。

(4)隐式内存泄漏。程序在运行过程中不停地分配内存，但是直到结束的时候才释放内存。其实，严格说此处并没有发生内存泄漏，因为最终程序释放了所有申请的内存。但是对于一个服务器程序，需要运行几天、几周甚至几个月，不及时释放内存也可能导致最终耗尽系统的所有内存。因此，称这类内存泄漏为隐式内存泄漏(见图 7-6)。

```
//Example4
#include <iostream.h>
class Connection                                    //连接类
{
  public:
    Connection(SOCKET s);
    ~Connection();
    …
  private:
    SOCKET _socket;
    …
};
class ConnectionManager                             //连接管理类
{
  private:
    list _connlist;                                 //用于保存链接类的链表

  public:
    ConnectionManager(){…}
    ~ConnectionManager(){…}

    void Connected(SOCKET s){
      Connection * p=new Connection(s);
      _connlist.push_back(p);                       //将连接对象保存到链表
    }
    void Disconnected(Connection * pconn){
      _connlist.remove(pconn);                      //从链表中删除连接对象
```

图 7-6

```
        delete pconn;
    }
};

void main(){
  ...
}
```

续图　7-6

假设在Client从Server端断开后,Server并没有呼叫Disconnected()函数,那么代表那次连接的Connection对象就不会被及时地删除,在Server程序退出的时候,所有Connection对象会在ConnectionManager的析构函数里被删除。当不断地有连接建立或断开时,隐式内存泄漏就发生了。

从用户使用程序的角度来看,内存泄漏本身不会产生什么危害,作为一般的用户,根本感觉不到内存泄漏的存在。真正有危害的是内存泄漏的堆积,这会最终消耗尽系统所有的内存。从这个角度来说,一次性内存泄漏并没有什么危害,因为它不会堆积,而隐式内存泄漏危害性则非常大,因为较之于常发性和偶发性内存泄漏它更难被检测到。

检测内存泄漏的关键是要能截获住对分配内存和释放内存的函数的调用。截获住这两个函数,就能跟踪每一块内存的生命周期,比如,每当成功地分配一块内存时,就把它的指针加入一个全局的list中;每当释放一块内存时,再把它的指针从list中删除。这样,当程序结束的时候,list中剩余的指针就指向那些没有被释放的内存。

如果要检测堆内存的泄漏,那么需要截获住malloc/realloc/free和new/delete就可以了(其实new/delete最终也是用malloc/free的,因此只要截获前面一组即可)。对于其他的泄漏,可以采用类似的方法,截获住相应的分配和释放函数。比如,要检测BSTR的泄漏,就需要截获SysAllocString/SysFreeString;要检测HMENU的泄漏,就需要截获CreateMenu/DestroyMenu(有的资源的分配函数有多个,释放函数只有一个。比如,SysAllocStringLen也可以用来分配BSTR,这时就需要截获多个分配函数)。

7.2　内存管理风险分析

7.2.1　RV0701 静态存储区与栈区混淆的风险

风险描述:可编程内存基本上分为静态存储区、堆区和栈区。其功能不同,使用方式也不同。

静态存储区:数据、变量内存在程序编译时就已经提前分配好了,这块内存在程序的整个运行过程中都存在,主要存放静态数据、全局数据和常量。

栈区:在执行函数时,函数内局部变量的存储单元都可以在栈上创建,函数执行结束时这些存储单元将自动被释放。栈内存分配运算内置于处理器的指令集中,效率很高,但是分配的内存容量有限。在编程的过程中,如果混淆静态存储区和栈区,将会导致内存错误的风险(见图7-7)。

示例:

```
#include <iostream>
using namespace std;
int main() {
    char * p="Hello World1";        //指针p的值指向的是字符串常量的地址,可以访问但不能改变
    char a[]="Hello World2";        //因为数据"Hello World2"存放在数组中
p[2]='A';                           //所以,此数据存储于栈区,对它修改是没有任何问题的
    a[2]='A';
    char * p1="Hello World1";
    return 0;
}
```

图 7-7

案例分析:图7-5所示示例中,程序是有错误的,错误发生在p[2]='A'这行代码处,变量p和变量数组a都存在于栈区(任何临时变量都是处于栈区的,包括在main()函数中定义的变量)。但是,数据"Hello World1"和数据"Hello World2"是存储于不同的区域的。

因为数据"Hello World2"存在于数组中,所以,此数据存储于栈区,对它修改是没有任何问题的。因为指针变量p仅仅能够存储某个存储空间的地址,数据"Hello World1"为字符串常量,所以存储在静态存储区。虽然通过p[2]可以访问到静态存储区中的第三个数据单元,即字符'1'所在的存储的单元。但是因为数据"Hello World1"为字符串常量,不可以改变,所以在程序运行时,会报告内存错误。并且,如果此时对p和p1输出的时候会发现p和p1里面保存的地址是完全相同的。换句话说,在数据区只保留一份相同的数据。

风险类型:C++语言语法允许,但是有风险,属于瑕疵级风险,测试可以发现。

规避建议:AS0701慎用。注意区分静态存储区和栈区以及堆的区别。

7.2.2 RV0702 操作已经释放了的内存风险

风险描述:操作已经释放了的内存,能够正常编译,但是在程序运行时就会发生异常错误,导致风险(见图7-8)。

示例:

```
#include <iostream>
using namespace std;
char * func1() {
    char * p=NULL;              //在栈中定义了一个指针
    char a;                     //在栈中定义了一个字符
    p=&a;                       //将字符的地址赋给指针
    return p;
}
```

图 7-8

```
int main() {
    char * p;
//操作已经释放了的内存。地址在,内存没了
    p=func1 ();
    * p='a';
    return 0;
}
```

续图　7-8

案例分析:如图7-6所示示例中,定义了一个返回值为字符型指针类型的 func1 ()函数,虽然返回的是一个存储空间,但是此空间为临时空间。也就是说,此空间只有短暂的生命周期,它的生命周期在函数 func1()调用结束时,也就失去了它的生命价值。编译并不会报告错误,但是在程序运行时,会发生异常错误。原因是对不应该操作的内存,即已经释放掉的存储空间进行了操作。

风险类型:C++语言语法允许,但是有风险,属于缺陷型风险,测试可发现。

规避建议:AS0702 禁用。禁止任何形式的对已释放内存的操作行为。

7.2.3　RV0703 失去已分配内存的地址风险

风险描述:在堆内存中动态申请了一段内存空间,并将这段堆内存空间的首地址赋给了一个指针变量后,如果函数调用过程中没有使用这段堆内存,在函数调用结束后,存放堆内存空间首地址的临时指针变量将随之消失,这段内存空间将丢失地址,没有变量存储这块内存空间的首地址,那也就意味着这段内存空间将永远不能被使用,但却一直标识被使用(因为没有到程序结束,也没有将其 delete,所以这块堆内存一直被标识拥有者是当前的程序),进而其他进程或程序无法使用,造成内存资源的浪费(见图7-9)。

示例:

```
#include <iostream>
using namespace std;

char * func2()
{
    char * p=NULL;
    p =(char * ) new char[4];
    return p;
}

int main()
```

图　7-9

```
{
    char * p;              //操作已经释放了的内存
    p=func2 ();
    * p='a';
    return 0;
}
```

续图 7-9

案例分析:相比之下,func2 ()函数不会有任何问题。因为,new 这个命令是在堆中申请存储空间,一旦申请成功,除非将其删除或者程序终结,这块内存将一直存在。也可以这样理解,堆内存是共享单元,能够被多个函数共同访问。如果需要有多个数据返回,堆内存将是一个很好的选择。但是一定要避免示例的事情发生(见图 7-10)。

示例:

```
//Example 8
#include <iostream>
using namespace std;
void func3(){
    ...
    char * p;
    p=(char *)new char[100];     //在堆中定义了一块内存,用于其他函数的调用
    ...
}
int main(){
    ...
    func3 ();                    //有调用 func3,但没使用指针 p 所指向的内存
                                 //内存在,地址没了
    ...
    return 0;
}
```

图 7-10

案例分析:图 7-10 所示示例中,虽然申请了堆内存,p 保存了堆内存的首地址。但是,此变量是临时变量,当函数调用结束时 p 变量消失。也就是说,再也没有变量存储这块堆内存的首地址,将永远无法再使用那块堆内存了。

风险类型:C++语言语法允许,但是有风险,属于瑕疵级风险,测试可发现。

规避建议:AS0703 建议规避。动态申请堆内存空间后,使用后或者没有使用的情况下,一定要将其释放。

7.2.4 RV0704 释放数组的方式错误风险

风险描述:释放数组方式错误,将会导致堆内存空间中数组所分配的内存空间不能被释放,进而导致内存资源的浪费(见图 7-11)。

示例：

```
//Example 8
#include <iostream>
using namespace std;

void func4(){
int * p=new int[5];
delete [ ] p;                    //不可以使用 delete p
}
int main()
{
  func4();
  return 0;
}
```

图 7-11

案例分析：如图7-11所示示例中，int *p=new int[5]语句中，new代表分配了一块堆内存，指针p分配的是一块栈内存，这句话的意思就是在栈内存中存放了一个指向一块堆内存的指针p。程序会先确定在堆中分配内存的大小，然后调用operator new分配内存，然后返回这块内存的首地址，放入栈中。

风险类型：C++语言语法允许，但是有风险，属于瑕疵级风险，测试可发现。

规避建议：AS0704建议规避。释放数组内存空间的方式是delete []p，注意其与delete p释放单个变量内存的区别，不能搞混。

7.2.5 RV0705堆破碎风险

风险描述：在C++语言中一种常见的问题是对内存的分配，重点是new和delete的使用不当而失控。一般来说，C++语言对内存的管理非常容易和安全，当一个对象被消除时，它的析构函数能够安全释放所分配的内存。因此频繁地使用new和delete动态分配会出现一些问题和堆破碎的风险。

当必须要使用new和delete时，不得不控制C++语言中的内存分配。这时，需要用一个全局的new和delete来代替系统的内存分配符，并且一个类一个类的重载new和delete。

虽然C++语言标准库已经提供了new与delete操作符的标准实现，但是由于缺乏对具体对象的具体分析，系统默认提供的分配器在时间和空间两方面都存在着一些问题：分配器速度较慢，而且在分配小型对象时空间浪费比较严重，特别是在一些对效率或内存有较大限制的特殊应用中。比如说在嵌入式的系统中，由于内存限制，频繁地进行不定大小的内存动态分配很可能会引起严重问题，甚至出现堆破碎的风险。此时，可以通过new与delete操作符的重载，给程序带来更灵活的内存分配控制。除了改善效率，重载new与delete还可能存在以下几种功能：

(1)检测代码中的内存错误。

(2)性能优化。

(3)获得内存使用的统计数据。

注意:C++语言中 new 和 delete 操作符不可以重载,但是在 operator∷new 可以被重载,这个操作只是用来申请内存,不调用构造初始化对象。

1. 重载全局的 new 和 delete

如图 7-12 所示代码可以代替默认的操作符来满足内存分配的请求。出于解释 C++语言的目的,也可以直接调用 malloc()和 free()。也可以对单个类的 new 和 delete 操作符重载。这时能灵活地控制对象的内存分配(见图 7-13)。

示例:

```
void * operator new(size_t size)
{
    void * p=malloc(size);            // 重载 operator new
    return (p);
}
void operator delete(void * p)
{
    free(p);                          // 重载 operator delete
}
```

图 7-12

示例:

```
//Example 9
#include <iostream>
#include <stdlib.h>

using namespace std;

class TestClass {
public:
    void * operator new(size_t size);
    void operator delete(void * p);           // .. other members here ..
};

void * TestClass::operator new(size_t size){
    void * p=malloc(size);                    // 重载 operator new
    return (p);
}

void TestClass::operator delete(void * p)
{
    free(p);                                  // 重载 operator delete
```

图 7-13

```
    }

    int main()
    {
        return 0;
    }
```

续图　7－13

案例分析：图 7－13 所示示例中，所有 TestClass 对象的内存分配都采用这段代码。更进一步，任何从 TestClass 继承的类也都采用这一方式，除非它自己也重载了 new 和 delete 操作符。通过重载 new 和 delete 操作符的方法，程序员可以自由地采用不同的分配策略，从不同的内存池中分配不同的类对象。

2. 为单个类重载 new[ ]和 delete[ ]

必须小心对象数组的分配。有时希望调用到重载过的 new 和 delete 操作符，但并不如此。内存的请求被定向到全局的 new[ ]和 delete[ ] 操作符，而这些内存来自于系统堆(见图 7－14)。

C＋＋语言将对象数组的内存分配作为一个单独的操作，而不同于单个对象的内存分配。为了改变这种方式，同样需要重载 new[ ]和 delete[ ]操作符(见图 7－15)。

```
    void * operator new[](size_t size)
    {
        void * p=malloc(size);          // 重载 operator new
        return (p);
    }
    void operator delete[](void * p)
    {
        free(p);                        // 重载 operator delete
}
```

图　7－14

示例：

```
    //Example 10
    #include <iostream>
    #include <stdlib.h>
    using namespace std;

    class TestClass {
    public:
        void * operator new[ ](size_t size);
        void operator delete[ ](void * p);
        // .. other members here ..
    };
```

图　7－15

```
void * TestClass::operator new[ ](size_t size)
{
      void * p=malloc(size);                    // 重载 operator new
      return (p);
}
void TestClass::operator delete[ ](void * p)
{
      free(p);                                  // 重载 operator delete
}
int main()
{
      TestClass * p=new TestClass[10];
      // ... etc ...
      delete[ ] p;
      return 0;
}
```

续图 7-15

案例分析：图 7-15 所示示例中，需要注意：对于多数 C++语言的实现，new[]操作符中的个数参数是数组的大小加上额外的存储对象数目的一些字节。应该尽量避免分配对象数组，从而使内存分配策略简单。

风险等级：C++语言语法允许，但是有风险，属于瑕疵级风险，测试可发现。

规避建议：AS0705 建议规避。一个防止堆破碎风险的方法是从不同固定大小的内存池中分配不同类型的对象。对每个类重载 new 和 delete 就提供了这样的控制。

7.2.6 RV0706 使用未分配成功的内存风险

风险描述：发生内存错误是件非常麻烦的事情。编译器不能自动发现这些错误，通常是在程序运行时才能捕捉到。而这些错误大多没有明显的症状，时隐时现，增加了改错的难度(见图 7-16)。

编程新手常犯这种错误，是因为其没有意识到内存分配可能会不成功。

示例：

```
//Example 11
#include <iostream>
#include <assert.h>
using namespace std;

void func6(char * pvTo, char * pvFrom)
{
      assert(pvTo != NULL && pvFrom != NULL);        //在处理事务前首先判断指针是否为空
```

图 7-16

```
        return;
    }

    int main()
    {
        char * pvTo=NULL;
        char * pvFrom=NULL;
        func6(pvTo, pvFrom);
        // ... etc ...
        return 0;
}
```

续图　7-16

风险类型：C++语言语法允许，但是有风险，属于缺陷级风险，测试可发现。

规避建议：AS0706 慎用。常用解决办法是，在使用内存之前检查指针是否为 NULL。如果指针 p 是函数的参数，那么在函数的入口处用 assert(p! =NULL)进行检查。如果是用 malloc 或 new 来申请内存，应该用 if(p==NULL) 或 if(p! =NULL)进行防错处理。

7.2.7　RV0707 引用已分配内存但未初始化变量风险

风险描述：犯这种错误主要有两种起因：①没有初始化的观念；②误以为内存的缺省初值全为零，导致引用初值错误(例如数组)。内存的缺省初值究竟是什么并没有统一的标准，尽管有些时候为零值，但并不确保。因此无论用何种方式创建数组，都需要赋初值。

风险类型：C++语言语法允许，但是有风险，属于缺陷级风险，测试可发现。

规避建议：AS0707 慎用。使用已分配内存时，切记一定要进行初始化。

7.2.8　RV0708 数组操作越界风险

风险描述：例如在使用数组时经常发生下标“多 1”或者“少 1”的操作。特别是在 for 循环语句中，循环次数很容易搞错，导致数组操作越界(见图 7-17)。

示例：

```
//Example 12
#include <iostream>
using namespace std;

int main()
{
    int i;
    double a[4];            //给 a[4]赋值，就有可能修改 i 的值，从而有可能陷入死循环
    for (i=0;i <7;i++) {
```

图　7-17

```
        a[i]=i;
    }
    cout << a[6] << endl;
    return 0;
}
```

续图 7-17

案例分析:图7-15所示示例中,出现数组操作越界的问题,程序开发人员可以参考汇编语言,不管数据还是指令在内存中都是以机器码形式存在的,当被指令指针寄存器指向或是特定的指令将它当做数据使用时,这些存在内存中的数据才有具体的含义,上述案例代码中,程序员定义了 int a[4];当数组越界时,编译器还是把 a[5]的那段内存中的数据当成是 int 类型(这里只是编译器一厢情愿地把它当成 int,但是有些时候这段内存中存储的数据很可能是 int 不认识的东西,这样程序就崩溃了)。

风险类型:C++语言语法允许,但是有风险,属于缺陷级风险,测试可发现。

规避建议:AS0708 慎用。在数组的使用过程中,一定要避免数组操作越界。

7.2.9 RV0709 对数组名进行直接复制与比较的风险

风险描述:C++语言/C程序中,指针和数组在不少地方可以相互替换着用,让人产生一种错觉,以为两者是等价的。数组名对应着(而不是指向)一块内存,其地址与容量在生命期内保持不变,只有数组的内容可以改变。指针可以随时指向任意类型的内存块,它的特征是"可变",因此常用指针来操作动态内存。指针远比数组灵活,但风险更高。

不能对数组名进行直接复制与比较。若想把数组 a 的内容复制给数组 b,不能用语句 b=a,否则将产生编译错误。应该用标准库函数 strcpy 进行复制。同理,比较 b 和 a 的内容是否相同,不能用 if(b==a) 来判断,应该用标准库函数 strcmp 进行比较(见图 7-18)。

示例:

```
//Example 13
#include <iostream>
#include <cstring>
#include <stdlib.h>
using namespace std;

void func7(){                              // 数组…
    char a[]="hello";
    char b[10];
    strcpy(b, a);                          // 不能用 b=a
    if(strcmp(b, a) == 0)                  // 不能用 if (b == a)
        cout << "in func7(), a=b" << endl;
```

图 7-18

```
    }
    void func8(){// 指针…
        char a[]="hello";
        int len=strlen(a);
        char *p=(char *)malloc(sizeof(char)*(len+1));
        strcpy(p,a);      // 不要用 p=a
        if(strcmp(p, a) == 0)      // 不要用 if (p == a)
            cout << "in func8(), a=p" << endl;
    }

    int main()
    {
        func7 ();
        func8 ();
        return 0;
}
```

续图 7-18

案例分析：图 7-18 所示示例中，语句 p=a 并不能把 a 的内容复制给指针 p，而是把 a 的地址赋给了 p。要想复制 a 的内容，可以先用库函数 malloc 为 p 申请一块容量为 strlen(a)+1 个字符的内存，再用 strcpy 进行字符串复制。同理，语句 if(p==a) 比较的不是内容而是地址，应该用库函数 strcmp 来比较。

风险类型：C++语言语法允许，但是有风险，属于缺陷级风险，测试可发现。

规避建议：AS0709 禁用。可采用标准库函数 strcpy 对数组名进行复制，采用标准库函数 strcmp 对数组名进行比较。

7.2.10 RV0710 使用运算符 sizeof 计算数组的容量风险

风险描述：用运算符 sizeof 可以计算出数组的容量（字节数）。但在用运算符 sizeof 计算出数组容量时，可能因为无法知晓指针所指的内存容量，而导致计算的数组容量仅仅只是一个指针变量的字节数，而不是真正的指针所指数组的容量，导致计算错误的风险（见图 7-19）。

示例：

```
    //Example 14
    #include <iostream>
    using namespace std;

    void func9(char a[100]) {
        cout << sizeof(a) << endl;// 4Bytes,不是 100Bytes
    }
```

图 7-19

```
int main()
{
    char a[]="hello world";
    char * p=a;
    cout<< sizeof(a) << endl;        //12Bytes
    cout<< sizeof(p) << endl;        //4 Bytes
    func9(a);    //数组作为参数传递
    return 0;
}
```

续图 7-19

案例分析:图7-19所示示例中,sizeof(a)的值是12(注意别忘了)。指针p指向a,但是sizeof(p)的值却是4。这是因为sizeof(p)得到的是一个指针变量的字节数,相当于sizeof(char *),而不是p所指的内存容量。C++语言/C语言没有办法知道指针所指的内存容量,除非在申请内存时记住它。

注意:当数组作为函数的参数进行传递时,该数组自动退化为同类型的指针。如上述案例代码所示,不论数组a的容量是多少,sizeof(a)始终等于sizeof(char *)。

风险类型:C++语言语法允许,但是有风险,属于瑕疵级风险,测试可发现。

规避建议:AS0710慎用,使用运算符sizeof可以计算出数组的容量(字节数),但是,当数组作为函数参数进行传递时,该数组将自动退化为同类型的指针。

7.2.11 RV0711 指针参数申请动态内存风险

风险描述:如果函数的参数是一个指针,不要指望用该指针去申请动态内存。图7-20所示示例中,Test函数的语句func10 (str,200)并没有使str获得期望的内存,str依旧是NULL。

示例:

```
//Example 15
#include <iostream>
#include <cstring>
#include <stdlib. h>

using namespace std;

void func10(char * p, int num) {
    p=(char *)malloc(sizeof(char) * num);     //试图利用传进来的指针分配堆内存。
}

int main()
{
```

图7-20

```
    char * str=NULL;
    func10(str, 100);      // str 仍然为 NULL
    strcpy(str, "hello");      //运行错误
    return 0;
}
```

续图　7-20

案例分析：图7-20所示示例中，问题出在函数 func10()中。编译器总是要为函数的每个参数制作临时副本，指针参数 p 的副本是 _p，编译器使 _p=p。如果函数体内的程序修改了 _p的内容，就导致参数 p 的内容作相应的修改。这就是指针可以用作输出参数的原因。在本例中，_p 申请了新的内存，只是把_p 所指的内存地址改变了，但是 p 丝毫未变。因此函数 func10()并不能输出任何东西。事实上，每执行一次 func10()就会泄露一块内存，因为没有用 free 释放内存。

风险类型：C++语言语法允许，但是有风险，属于缺陷级风险，测试可发现。

规避建议：AS0711 慎用。如果非得要用指针参数去申请内存，那么应该改用“指向指针的指针”。

规避建议：AS0712 慎用。由于“指向指针的指针”这个概念不容易理解，程序员可以使用函数返回值来传递动态内存。这种方法可能更加简单，见图7-21，图7-22。

示例：

```
//Example 16
#include <iostream>
#include <cstring>
#include <stdlib.h>
using namespace std;

void func10(char * * p, int num)
{
    * p=(char * )malloc(sizeof(char) * num);     //试图利用传进来的指针分配堆内存。
}

int main()
{
    char* str;
    func10(&str, 100);                          // 注意参数是 &str，而不是 str
    strcpy(str, "hello");
    cout << str << endl;
    free(str);
    return 0;
}
```

图7-21

示例:

```
//Example 17
#include <iostream>
#include <cstring>
#include <stdlib.h>
using namespace std;

char* func10(int num)
{
    char* p=(char*)malloc(sizeof(char) * num);
    return p;
}

int main()
{
    char *str=NULL;
    str=func10(100);
    strcpy(str, "hello");
    cout << str << endl;
    free(str);
    return 0;
}
```

图 7-22

注意:用函数返回值来传递动态内存这种方法虽然好用,但是常常有人把 return 语句用错了。这里强调不要用 return 语句返回指向“栈内存”的指针,因为该内存在函数结束时自动消亡。

7.2.12 RV0712“野指针”风险

风险描述:“野指针”不是 NULL 指针,是指向“垃圾”内存的指针。编程人员一般不会错用 NULL 指针,因为用 if 语句就能很容易判断。但是“野指针”却是很危险的,if 语句对它不起作用。出现“野指针”的原因主要有以下 3 种。

(1)指针变量没有被初始化。任何指针变量刚被创建时不会自动成为 NULL 指针,它的缺省值是随机的,它会乱指一气。因此,指针变量在创建的同时应当被初始化,要么将指针设置为 NULL,要么让它指向合法的内存。例如:

char *p=NULL;

char *str=(char *) malloc(100)。

(2)指针 p 被 free 或者 delete 之后,没有置为 NULL,让人误以为 p 是个合法的指针。

(3)指针操作超越了变量的作用域范围,这种情况让人防不胜防,如图 7-23 所示。

示例：

```
//Example 18
#include <iostream>
using namespace std;

class A{
public:
    void func11() {
      cout << "func of class A" << endl;
    }
    void func12(A * p) {
      A a;
      p=&a;               // 注意 a 的生命期
    }
};

int main()
{
    A *p;
    p -> func12(p);
    p -> func11();       //p 是“野指针”
    cout<<"指针 p 地址:"<<&p<<endl;
    cout<<"指针 p 指向内容"<<p<<endl;
    return 0;
}
```

图 7－23

案例分析：图 7－2 所示示例中，在执行语句 p→func11 ()时，对象 a 已经消失，而 p 是指向 a 的，所以 p 就成了“野指针”。虽然函数传入的指针地址变了，但是函数结束后 a 释放，p 的地址和指向的内容没有变，此时类 a 中数据不存在了，因此输出的 b 是一个随机值。但是，程序编译没有报错。

风险类型：C＋＋语言语法允许，但是有风险，属于缺陷级风险，测试可发现。

规避建议：AS0713 慎用。使用指针变量时，一定要对指针变量进行初始化，在指针被 free 或 delete 之后，一定要设置为 NULL，同时，要注意使用指针一定不能越界，禁止使用野指针。

7.2.13　RV0713free()函数对指针的操作风险

风险描述：函数 free()的原型如下：

void free(void * memblock)

free()函数之所以不像 malloc 函数那样复杂，是因为指针 p 的类型以及它所指的内存的容量事先都是知道的，语句 free(p)能正确地释放内存。如果 p 是 NULL 指针，那么 free 对 p 无论操作多少次都不会出问题。如果 p 不是 NULL 指针，那么 free 对 p 连续操作两次就会导致程序运行错误。

风险类型:C++语言语法允许,但是有风险,属于瑕疵级风险,测试可发现。

规避建议:AS0714 慎用。在 free()函数对指针进行操作后,必须将指针置为 NULL,以避免出现野指针的问题。

7.2.14 RV0714 对应的 new 和 delete 未采用相同的形式风险

风险描述:检查下面语句的错(见图 7-24)。

示例:

```
string * stringarray=new string[100];
...
delete stringarray;
```

图 7-24

一切好象都井然有序——一个 new 对应着一个 delete——然而却隐藏着很大的错误:程序的运行情况将不可预测。至少,stringarray 指向的 100 个 string 对象中的 99 个不会被正确回收,因为其析构函数永远不会被调用。

用 new 创建对象时:首先,通过 operator new 函数分配内存;然后,为被分配的内存调用一个或多个构造函数。使用 delete 销毁对象时,首先为将被释放的内存调用一个或多个析构函数,然后通过 operator delete 函数释放内存。因此,在 delete 时候,明确内存中有多少个对象需要被删除,这决定了将有多少个析构函数会被调用。

简单来说,要被删除的指针指向的是单个对象,还是对象数组,这需要编程人员明确。如果使用 delete 时没用括号,delete 就会认为指向的是单个对象,否则,它就会认为指向的是一个数组(见图 7-25)。

示例:

```
string * stringptr1=new string;
string * stringptr2=new string[100];
...
delete stringptr1;              // 删除一个对象
delete [] stringptr2;           // 删除对象数组
```

图 7-25

案例分析:图 7-23 所示示例中,如果编程人员在 stringptr1 前加了"[]",那结果将不可预测;如果在 stringptr2 前没加上"[]",那结果也同样是不可预测的。

风险类型:C++语言语法允许,但是有风险,属于缺陷级风险,测试可发现。

规避建议:AS0715 慎用。如果程序员调用 new 时用了[],调用 delete 时也要用[];如果调用 new 时没有用[],那调用 delete 时也不要用[](见图 7-26)。

示例：

```
typedef string addresslines[4];          //一个人的地址，共 4 行，每行一个 string
                                         //因为 addresslines 是个数组，使用 new：
string  * pal=new addresslines;          // 注意"new addresslines"返回 string * ，
                                         // 和 "new string[4]"返回的一样
delete 时必须以数组形式与之对应：
delete pal;                              // 错误!
delete [] pal;                           // 正确
```

图　7-26

规避建议：AS0716 慎用。为了避免混乱，杜绝对数组类型用 typedefs。这其实很容易，因为标准 C++语言库包含有 stirng 和 vector 模板，使用它们将会使对数组的需求减少到几乎零。举例来说，addresslines 可以定义为一个字符串(string)的向量(vector)，即 addresslines 可定义为 vector<string>类型。

7.2.15　RV0715 析构函数里对指针成员调用 delete 风险

风险描述：大多数情况下，执行动态内存分配的类都在构造函数里用 new 分配内存，然后在析构函数里用 delete 释放内存。然而，此类在经过维护、升级后，情况就会变得困难了，因为对类的代码进行修改的程序员不一定就是最早写这个类的程序员。若增加一名指针成员则须进行下面 3 项工作：

(1)在每个构造函数里对指针进行初始化。对于一些构造函数，如果没有内存要分配给指针的话，指针要被初始化为 0(即空指针)。

(2)删除现有的内存，通过赋值操作符分配给指针新的内存。

(3)在析构函数里删除指针。

如果在构造函数里忘了初始化某个指针，或者在赋值操作的过程中忘了处理它，问题会出现得很快。但是，如果在析构函数里没有删除指针，不会表现出很明显的外部症状。相反，可能只是表现为一点微小的内存泄露，并且不断增长，最后吞噬了整个地址空间，导致程序奔溃。

删除空指针是安全的(因为它什么也没做)。因此，在写构造函数，赋值操作符，或其他成员函数时，类的每个指针成员要么指向有效的内存，要么就指向空。在析构函数里可以直接 delete 指针成员，不需要考虑其是否被 new 过。

风险类型：C++语言语法允许，但是有风险，属于瑕疵级风险，测试可发现。

规避建议：AS0717 慎用。一种避免必须删除指针成员的方法，即把这些成员用智能指针对象来代替，比如 C++语言标准库里的 auto_ptr。

7.2.16　RV0716 隐藏标准形式的 new 带来的风险

风险描述：因为内部范围声明的名称会隐藏掉外部范围的相同的名称，对于分别在类的内部和全局声明的两个相同名字的函数 f 来说，类的成员函数会隐藏掉全局函数(见图7-27)。

示例：

```
#include <iostream>
void f();                               // 全局函数
class x {
    public:
    void f();                           // 成员函数
    };
    x x;
    f();                                // 调用 f
    x.f();                              // 调用 x::f
```

图 7-27

案例分析：如图 7-27 所示示例中，采用不同的语法形式调用全局函数和成员函数，不会造成混乱，也不会出现安全风险。但是，如果在类中增加一个带多个参数的 operator new 函数，结果就截然不同(见图 7-28)。

示例：

```
class x {
public:
    void f();
                                  // operator new 的参数指定一个
                                  // new-hander(new 的出错处理)函数
    static void * operator new(size_t size, new_handler p);
};
    void specialerrorhandler();   // 定义在别的地方
    x * px1 =
new (specialerrorhandler) x;      // 调用 x::operator new
x * px2=new x;                    // 错误!
```

图 7-28

在类里定义了一个称为“operator new”的函数后，会不经意地阻止了对标准 new 的访问。

风险分类：C++语言语法允许，但是有风险，属于缺陷级风险，测试可发现。

规避建议：AS0718 慎用。一个办法是在类里写一个支持标准 new 调用方式的 operator new，它和标准 new 做同样的事。这可以用一个高效的内联函数来封装实现(见图 7-29)。

示例：

```
class x
{
    public:
     void f();
      static void * operator new(size_t size, new_handler p);
      static void * operator new(size_t size)
      {
```

图 7-29

```
        return::operator new(size);
    }
};
x *px1 =  new (specialerrorhandler) x;          // 调用 x::operator
                                                // new(size_t, new_handler)
x* px2=new x;                                   // 调用 x::operator
                                                // new(size_t)
```

续图　7-29

规避建议：AS0719 慎用。另一种方法是为每一个增加到 operator new 的参数提供缺省值(见图 7-30)。

示例：

```
class x {
public:
    void f();
      static
    void * operator new(size_t size,            // p 缺省值为 0
        new_handler p=0);
};
    x *px1=new (specialerrorhandler) x;         // 正确
    x* px2=new x;                               // 也正确
```

图　7-30

无论采用哪种方法，如果以后想对“标准”形式的 new 定制新的功能，只需要重写这个函数。调用者重新编译链接后就可以使用新功能了。

7.2.17　RV0717 内存溢出风险

风险描述：

1. strcpy()

strcpy()函数将源字符串复制到缓冲区。没有指定要复制字符的具体数目。复制字符的数目直接取决于源字符串中的数目。如果源字符串碰巧来自用户输入，且没有专门限制其大小，则有可能会内存溢出，建议使用 strncpy。

2. strcat()

strcat()函数非常类似于 strcpy()，除了它可以将一个字符串合并到缓冲区末尾。它也有一个类似的、更安全的替代方法 strncat()。如果可能，使用 strncat() 而不要使用 strcat()。

3. gets()

gets()函数也可能存在内存溢出的风险(见图 7-31)。

示例：

```
//Example 19
#include <iostream>
#include <cstdio>
using namespace std;

int main()
{
    char buffer[5];
    int i=0;
    while ((buffer[i++]=getchar()) ! = '\n')
    {
      cout << "haha" << endl;
    };
    return 0;
}
```

图 7-31

4. sprintf(),vsprintf()

函数 sprintf()和 vsprintf()是用来格式化文本和将其存入缓冲区的通用函数。它们可以用直接的方式模仿 strcpy()行为。换句话说,使用 sprintf() 和 vsprintf() 与使用 strcpy() 一样,都很容易造成缓冲区溢出。

5. scanf()系列

scanf(),sscanf(),fscanf(),vfscanf(),vscanf(),vsscanf()。scanf 系列的函数也设计得有风险,可能存在目的地缓冲区溢出(见图 7-32)。

示例：

```
//Example20
#include <iostream>
#include <cstdio>
using namespace std;

int main(int argc, char * * argv)
{
    char buf[256];
    sscanf(argv[0], "%s", buf);
    return 0;
}
```

图 7-32

如果输入的字大于 buf 的大小,则有溢出的情况,另外还有以下几种情况:

(1) 使用"%x"或"%d",但最后一个参数是 char,也可能导致溢出,因"%x"或"%d"是读取 4 个字节,char 只有一个字节,因此有可能会覆盖后面的内容;

(2) 使用"d%"读取64位的数字也可能导致溢出;

(3) 使用为int定义的bool型时,若赋值为char型时,亦会出现溢出的现象。

6. strdup()

strdup()函数是复制输入字符串,返回新申请内存的字符串。它是调用malloc,因此调用strdup后,需free来释放申请的内存(见图7-33)。

示例:

```
//Example21
#include <iostream>
#include <cstdio>
#include <cstring>
#include <cstdlib>
using namespace std;

int main()
{
    char buffer[]="This is the buffer text";
    char *newstring;
    printf("Original:%s\n", buffer);
    newstring=strdup(buffer);
    free(newstring);
    return 0;
}
```

图 7-33

风险类型:C++语言语法允许,但是有风险,属于缺陷级风险,测试可发现。

规避建议:AS0720 慎用。为了避免出现内存溢出的风险发生,在需要使用可能造成内存溢出风险的函数时,可使用相应的替换函数。

7.3 风险规避建议

针对以上分析的可能出现的问题,下述给出风险规避的具体建议。

规避建议:AS0701 慎用。注意区分静态存储区和栈区以及堆的区别。

规避建议:AS0702 慎用。禁止任何形式的对已释放内存的操作行为。

规避建议:AS0703 建议规避。动态申请堆内存空间后,使用后或者没有使用的情况下,一定要要将其释放。

规避建议:AS0704 建议规避。释放数组内存空间的方式是delete []p,注意其与delete p释放单个变量内存的区别,不能搞混。

规避建议:AS0705 建议规避。一个防止堆破碎风险的方法是从不同固定大小的内存池中分配不同类型的对象。对每个类重载new和delete就提供了这样的控制。

规避建议:AS0706 慎用。常用解决办法是,在使用内存之前检查指针是否为NULL。如果指针 p 是函数的参数,那么在函数的入口处用 assert(p! =NULL)进行检查。如果是用 malloc 或 new 来申请内存,应该用 if(p==NULL) 或 if(p! =NULL)进行防错处理。

规避建议:AS0707 慎用。使用已分配内存时,切记一定要进行初始化。

规避建议:AS0708 慎用。在数组的使用过程中,一定要避免数组操作越界。

规避建议:AS0709 禁用。可采用标准库函数 strcpy 对数组名进行复制,采用标准库函数 strcmp 对数组名进行比较。

规避建议:AS0710 慎用。使用运算符 sizeof 可以计算出数组的容量(字节数),但是,当数组作为函数参数进行传递的时候,该数组将自动退化为同类型的指针。

规避建议:AS0711 慎用。如果非得要用指针参数去申请内存,那么应该改用“指向指针的指针”

规避建议:AS0712 慎用。由于“指向指针的指针”这个概念不容易理解,可以用函数返回值来传递动态内存。

规避建议:AS0713 慎用。使用指针变量时,一定要对指针变量进行初始化,在指针被 free 或 delete 之后,一定要设置为 NULL,同时,要注意使用指针一定不能越界,禁止使用野指针。

规避建议:AS0714 慎用。在 free()函数对指针进行操作后,必须将指针置为 NULL,以避免出现野指针的问题。

规避建议:AS0715 慎用。如果程序员调用 new 时用了[],调用 delete 时也要用[];如果调用 new 时没有用[],那调用 delete 时也不要用[]。

规避建议:AS0716 慎用。为了避免混乱,杜绝对数组类型用 typedefs。这其实很容易,因为标准 C++语言库包含有 string 和 vector 模板,使用它们将会减少对数组的使用。

规避建议:AS0717 慎用。说到智能指针,这里介绍一种避免必须删除指针成员的方法,即把这些成员用智能指针对象来代替,比如 C++语言标准库里的 auto_ptr。

规避建议:AS0718 慎用。一个办法是在类里写一个支持标准 new 调用方式的 operator new,它和标准 new 做同样的事。这可以用一个高效的内联函数来封装实现。

规避建议:AS0719 慎用。另一种方法是为每一个增加到 operator new 的参数提供缺省值。

规避建议:AS0720 慎用,为了避免出现内存溢出的风险发生,在需要使用可能造成内存溢出风险的函数时,可使用相应的替换函数。

7.4 本章小结

本章对 C++语言面向对象语言在开发航空软件时,内存管理方面可能出现的安全风险问题进行了分析,并通过实际的案例对可能出现的风险进行预估和分析描述;由于缺乏对内存堆的自动回收管理机制,存在较大风险,建议尽量用栈;针对可能存在的安全风险,通过对每一种风险设计安全漏洞实例,具体分析和讨论这些安全风险产生的原因及特点,并最终给出安全编程规避策略。

第8章　组　合　类

现实中的某些事物抽象成类时，可能会很复杂。为了更简洁地进行软件开发，经常把其中相对比较独立的部分单独定义成一个简单类，这些比较简单的类又可以分出更简单的类，最后由这些简单类再组合成所需要的类。比如，创建一个计算机系统的类，首先，计算机由硬件和软件组成，硬件又分为CPU、存储器等，软件分为系统软件和应用软件。可以将CPU定义一个类，存储器定义一个类，其他硬件每个都定义一个类，硬件类就是所有这些类的组合，软件也是一样，设计成一个类的组合。计算机类又是硬件类和软件类的组合。通过简单类的组合来形成组合类，完成复杂抽象。通过该方法将复杂的事情分解成简单的事情，化繁为简，从而解决复杂类的设计问题。

8.1　组合类概述

类的组合其实描述的就是在一个类里内嵌了其他类对象作为成员，它们之间的关系是一种包含与被包含的关系。简单说，一个类中有若干数据成员是其他类的对象。类的数据成员都是基本数据类型的或自定义数据类型的，比如int，float类型的或结构体类型的，现在数据成员也可以是类类型的。

如果在一个类中内嵌了其他类的对象，那么创建这个类的对象时，其中的内嵌对象也会被自动创建。因为内嵌对象是组合类的对象的一部分，所以在构造组合类的对象时不但要对基本数据类型的成员进行初始化，还要对内嵌对象成员进行初始化。

组合类构造函数定义（注意不是声明）的一般形式为：

```
类名::类名(形参表):内嵌对象1(形参表),内嵌对象2(形参表),……
{
    类的初始化
}
```

其中，“内嵌对象1(形参表)，内嵌对象2(形参表)，……”称为初始化列表，可以用于完成对内嵌对象的初始化。其实，一般的数据成员也可以这样初始化，就是把这里的内嵌对象都换成一般的数据成员，后面的形参表换成用来初始化一般数据成员的变量形参，比如，Point::Point(int xx, int yy):X(xx),Y(yy) { }，在构造Point类的对象时传入实参初始化xx和yy，然后用xx的值初始化Point类的数据成员X，用yy的值初始化数据成员Y。

声明一个组合类的对象时，不仅它自身的构造函数会被调用，还会调用其内嵌对象的构造函数。那么，这些构造函数的调用是按照什么顺序呢？首先，根据前面说的初始化列表，按照内嵌对象在组合类的声明中出现的次序，依次调用内嵌对象的构造函数，然后再执行本类的构造函数的函数体。比如下面例子中对于Distance类中的p1和p2就是先调用p1的构造函数，再调用p2的构造函数。因为Point p1,p2;是先声明的p1后声明的p2。最后才是执行Distance构造函数的函数体。

如果声明组合类的对象时没有指定对象的初始值的话，就会自动调用无形参的构造函数，构造内嵌对象时也会对应地调用内嵌对象的无形参的构造函数。析构函数的执行顺序与构造函数正好相反。

8.2 组合类风险分析

8.2.1 RV0801 组合类构造函数使用错误风险

为便于理解上述组合类的创建过程，现重新定义Circle类，并使其包含2个数据成员：Point类成员center，表示圆心的坐标；double类型成员radius，表示半径。Point类的声明和定义见图8-1。

示例：

```
class Point                                  //point.h,Point类的声明
{
    int x,y;                                 //两个数据成员表示坐标
public:
    Point(int, int);                         //构造函数
    void setXY(int=0,int =0);                //设置函数
    void getXY(int&,int&);                   //获取函数
    void show();                             //显式函数
};
#include"point.h"                            // point.cpp,Point类的实现
#include <iostream>
using namespace std;
Point::Point(int x1,int y1)                  //构造函数
{
    x=x1,y=y1;
}
void Point::setXY(int x1,int y1)
{
    x=x1,y=y1;
}
void Point::getXY(int&x1,int&y1)
{
```

图 8-1

```
        x1=x,y1=y;
    }
    void Point::show()
    {
        cout<<"("<<x<<","<<y<<")"<<endl;
}
```

续图　8-1

可知 Point 用来表示点的坐标，具有两个数据成员坐标值(x,y)，有一个设置函数，获取函数，以及显式函数。

组合类 Circle 的声明和实现见图 8-2。

示例：

```
    #include"point.h"                //Circle 类的声明 circle.h
    class  Circle
    {
    public:
        Circle(double,int,int);      //构造函数，虽然带有对象成员，但声明时
        double getArea();            //求面积
        double getRadius();          //求半径
        void setRadius(double);      //设置半径
        Point getCenter();           //求圆心坐标
        void setCenter(int x, int y); //设置圆心坐标
        void setCenter(Point&t);     //设置圆心坐标，利用 point 类
        void show();                 //显式函数
    private:
        double radius;
        Point center;                //对象成员
    };
    #include"circle.h"               //Circle 类实现文件 circle.cpp
    #include <iostream>
    using namespace std;
    Circle::Circle(double r,int x,int y):center(x,y)
                                     //带对象成员构造函数的实现，使用构造函数初始化列表
        /*类名::类名(形参表):对象成员 1(实参表),对象成员 2(实参表),…
        {
          类的非对象成员的初始化
        }
        */
                                     //这个冒号表达式的含义是把(x,y)的值赋给成员 center
    {
        radius=r; //类的非对象成员 radius 的初始化
    }
```

图　8-2

```
double Circle::getArea()
{
    return radius *  radius  * 3.14159;
}
double Circle::getRadius()
{
    return radius;
}
void Circle::setRadius(double r)
{
    radius=r;
}
Point Circle::getCenter()
{
    return center;
}
void Circle::setCenter(int x,int y)
{
    center=Point(x,y);
}
void Circle::setCenter(Point &t)
{
    center=t;
}
void Circle::show()
{
    center. show();
    cout<<radius<<endl;
}
```

续图 8-2

由于Circle类具有Point类的数据成员，在创建Circle类的对象时，先调用Circle类的构造函数，再调用Point类的构造函数。

例如：Circle c1(1,1,3);

首先调用Circle的构造函数(见图8-3)。

示例：

```
Circle::Circle(double r, int x, int y):center(x,y)
{
    radius=r;
}
```

图 8-3

将1,1,3作为实参传递给构造函数的形参r,x,y(这里注意center(x,y)的含义是把x,y给center)。

调用到一半发现需要把x,y给Point类的对象center,又需要用到构造函数初始化,系统再调用Point类的构造函数(见图8-4)。

示例:

```
Point::Point(int x1,int y1)            //构造函数
{
    x=x1,y=y1;
}
```

图 8-4

将1,3作为实参传递给形参x1,y1。最后,执行Circle类构造函数的函数体,为radius成员初始化。

需要注意的是,以下写法是错误的(见图8-5):

示例:

```
#include"circle.h"                    //Circle类的实现
Circle::Circle(double r, int x, int y)
{
    radius=r;
    center=Point(x,y);
}
```

图 8-5

此时编译后出现语法错误:'Point':no appropriate default constructor available。

这是因为,Circle类构造函数未使用构造函数列表形式,未对center成员初始化,此时会自动调用Point类的无参构造函数,而Point类中只定义了一个有参的构造函数,因此会出现如上错误提示。

风险类型:C++语言语法允许,但是有风险,属于瑕疵级风险,编译可发现。

规避建议:AS0801慎用。为避免此错误,Circle类构造函数应使用构造函数初始化列表形式,或为Point类提供无参构造函数。

8.2.2 RV0802 可能出现的重定义问题风险

风险描述:组合类在使用的过程中,可能会出现重定义的问题。实现不同功能的类在组合使用时,可能由于函数名、参数等的同名等情况,造成对同一函数或变量的重复定义(见图8-6)。

示例:

```
#include"point.h"                       //Circle类的声明 circle.h
class  Circle
{
public:
     Circle(double,int,int);            //构造函数,虽然带有对象成员,但声明时
     double getArea();                  //求面积
     double getRadius();                //求半径
     void setRadius(double);            //设置半径
     Point getCenter();                 //求圆心坐标
     void setCenter(int x, int y);      //设置圆心坐标
     void setCenter(Point&t);           //设置圆心坐标,利用 point 类
     void show();                       //显式函数
private:
     double radius;
     Point center;                      //对象成员
};
#include"circle.h"                      //Circle类实现文件 circle.cpp
#include <iostream>
using namespace std;
Circle::Circle(double r,int x,int y):center(x,y)
                                        //带对象成员构造函数的实现,使用构造函数初始化列表
     /*类名::类名(形参表):对象成员1(实参表),对象成员2(实参表),…
     {
       类的非对象成员的初始化
     }   */
                                        //这个冒号表达式的含义是把(x,y)的值给成员 center
{
     radius=r;                          //类的非对象成员 radius 的初始化
}
double Circle::getArea()
{
     return radius* radius *3.14159;
}
double Circle::getRadius()
{
     return radius;
}
void Circle::setRadius(double r)
{
     radius=r;
}
Point Circle::getCenter()
```

图 8-6

```
{
    return center;
}
void Circle::setCenter(int x,int y)
{
    center=Point(x,y);
}
void Circle::setCenter(Point &t)
{
    center=t;
}
void Circle::show()
{
    center. show();
    cout<<radius<<endl;
}
```

续图　8-6

案例分析：图 8-6 所示示例中，有另一个有关＃include""文件包含命令的地方需要说明（避免重定义）。

在 circle. cpp 文件中不能再包含 point. h 文件，即不能再使用＃include "point. h"，因为在 circle. h 中已经包含了 point. h 文件，若在 circle. cpp 中再次包含则出现：Point：class type redefinition 的错误。同理，在 main. cpp 中也只能包含 circle. h。

风险类型：C++语言语法允许，但是有风险，属于缺陷级风险，测试可发现。

规避建议：AS0802 慎用。使用条件编译，在 point. h 中增加以下指令（见图 8-7）：

示例：

```
ifndef POINT_H
#define POINT_H
    在最后一行增加：
#endif
```

图　8-7

8.2.3　RV0803 互相包含的组合类风险

风险描述：类组合时的一种特殊情况，就是两种类可能相互包含，即类 A 中有类 B 类型的内嵌对象，类 B 中也有 A 类型的内嵌对象。C++语言中，要使用一个类必须在使用前已经声明了该类，但是 2 个类互相包含时就肯定有一个类在定义之前就被引用了。如果需要这样使用，则要用到前向引用声明。前向引用声明是在引用没有定义的类之前对该类进行声明，这只是为程序声明一个代表该类的标识符，类的具体定义可以在程序的其他地方，简单说，就是声明下这个标识符是个类，可以在其他的位置对其进行具体的定义（见图 8-8）。

示例:

```
#include <iostream>
using namespace std;
class B;            //前向引用声明
class A
{
    public:
      void f(B b);
};
class B
{
    public:
      void g(A a);
};
```

图 8-8

案例分析:图 8-8 所示示例中,类 A 的公有成员函数 f 的形参是类 B 的对象,同时类 B 的公有成员函数 g 的形参是类 A 的对象,这时就必须使用前向引用声明。

风险类型:C++语言语法允许,但是有风险,属于瑕疵级风险,编译可发现。

规避建议:AS0803 慎用。用前向引用声明,在引用没有定义的类之前对该类进行声明,在其他的位置对其进行具体的定义。

8.3 风险规避建议

对象做类的数据成员时,在创建对象时需调用 2 级构造函数,先小后大;如果要使用自定义的有参构造函数,需要使用构造函数初始化列表形式;析构函数的执行顺序仍是相反的栈顺序。

(1) 若组合类中有多个对象成员,应按照对象成员在组合类中的声明顺序依次调用其所属类的构造函数。

(2) 当对象的作用域结束时,先调用本类的析构函数,再调用对象成员的析构函数,其顺序与构造函数的调用顺序相反。

(3) 只有在定义构造函数时,才可以带有成员的初始化列表;如果仅仅声明构造函数的原型说明,则不能使用初始化列表。

(4) 若组合类的构造函数未使用初始化列表形式,则会自动调用对象成员的无参构造函数。

针对以上分析的可能出现的问题,下述给出风险规避的具体建议,如图 8-9 所示。

规避建议:AS0801 慎用。为避免此错误,Circle 类构造函数应使用构造函数初始化列表形式;或为 Point 类提供无参构造函数。

规避建议:AS0802 慎用。

示例：

```
ifndef POINT_H
#define POINT_H
    在最后一行增加：
#endif
```

图8-9

规避建议：AS0803 慎用。用前向引用声明，在引用没有定义的类之前对该类进行声明，在其他的位置对其进行具体的定义。

8.4 本章小结

本章对C++语言面向对象语言在开发航空软件时，组合类的使用方面可能出现的安全风险问题进行了分析，并通过实际的案例对可能出现的风险进行预估和分析描述；针对可能存在的安全风险，通过对每一种风险设计安全漏洞实例，具体分析和讨论这些安全风险产生的原因及特点，并最终给出安全编程规避策略。

第9章 模 板

面向对象的多态与组合并不能完全满足实际编程中对于代码复用的全部需求。在实际的编程中，面向对象是将操作绑定到数据，泛型则是将操作应用于不同数据结构和类型。C++语言中泛型编程的体现就是模版，模板的技术核心体现在编译期的动态机制，在编译的过程中，编译器通过“类型推导”进行实例化。而在实际运行的时候，系统不知道模板的概念。

当一个类或函数的概念适用于不同类或者不同基本数据类型时，应考虑用模版来实现。C++语言提倡少用宏，鼓励使用模板。模板是C++语言内置的，而且模板操作类型在编译时是已知的，是类型安全的。而宏的本质则是纯粹的文本替换，编译器不会验证宏参数是否为兼容类型，会在不进行任何特殊类型检查的情况下扩展宏。

使用模板最主要的是为了充分获得通用编程的优点。国际标准化组织为C++语言建立了C++语言标准库，该标准库功能强大，这证明了模板的重要性。库中涉及算法和容器的部分组成了标准模板库(STL)。由于模板的可重用性和可扩展性，可以利用STL来实现效率很高的代码。

9.1 模板概述

模板是C++语言支持参数化多态的工具，为类和函数声明一种通用的一般模式，使得类中的数据成员或者成员函数的参数、返回值可以取得任意类型。

模板是一种对类型进行参数化的工具，一般有函数模板和类模板两种形式。其中，函数模板只针对参数类型不同的函数，类模板仅针对数据成员和成员函数类型不同的类。使用模板能够编写与类型无关的代码，实现不同类型参数的函数和类的复用，有效提高编程的效率。

例如，编写了一个实现两个int整形数据交换的swap函数，此函数就只能实现int型数据的转换，对于double及其他参数类型的数据，都不能实现，想要实现其他类型数据的交换就需要重新编写另一个swap函数。而使用模板就可以解决这个问题，让程序的实现与类型无关。例如，一个swap模板函数，既可以实现int型数据的交换，同时也可实现其他类型数据的交换。

模板可以应用于函数和类，下述分别介绍函数类模板和模板类。

9.1.1 类模板与模板类的概念

1. 类模板

类模板(也称为类属类或类生成类)允许用户为类定义一种模式，使得类中预定义的和用户自定义的。

如果一个类中数据成员的数据类型不能确定，或者是某个成员函数的参数或返回值的类型不能确定，就必须将此类声明为模板。模板不是代表一个具体的、实际的类，而是代表着一类类。

2.类模板定义

定义一个类模板，一般有两方面的内容。

(1)首先要定义类，其格式见图9-1。

示例：

```
template <class T>
class foo
{
……
}
```

图　9-1

foo为类名，在类定义体中，如采用通用数据类型的成员，函数参数的前面需加上T，其中通用类型T可以作为普通成员变量的类型，还可以作为const和static成员变量以及成员函数的参数和返回类型(见图9-2)。

示例：

```
template<class T>
void Test<T>::print()
{
    std::cout<<"n="<<n<<std::endl;
    std::cout<<"i="<<i<<std::endl;
    std::cout<<"cnt="<<cnt<<std::endl;
}
```

图　9-2

(2)在类定义体外定义成员函数时，若此成员函数中有模板参数存在，则除了需要和一般类的体外定义成员函数一样的定义外，还需在函数体外进行模板声明(见图9-3)。

示例：

```
template<class T>
class Test
{
    private:
    T n;
    const T i;
    static T cnt;
    public:
    Test():i(0){}
```

图　9-3

```
    Test(T k);
    ~Test(){}
    void print();
    T operator+(T x);
};
```

续图 9-3

如果函数是以通用类型为返回类型,则要在函数名前的类名后缀上"<T>"(见图 9-4)。

示例:

```
template<class T>
Test<T>::Test(T k):i(k)
{
    n=k;
    cnt++;
}
template<class T>
T Test<T>::operator+(T x)
{
    return n + x;
}
```

图 9-4

(3)在类定义体外初始化 const 成员和 static 成员变量的做法和普通类体外初始化 const 成员和 static 成员变量的做法基本上是一样的,唯一的区别是需再对模板进行声明(见图 9-5)。

示例:

```
template<class T>
int Test<T>::cnt=0;

template<class T>
Test<T>::Test(T k):i(k)
{
    n=k;
    cnt++;
}
```

图 9-5

3. 类模板的使用

类模板的使用实际上是将类模板实例化成一个具体的类,其格式为:

类名<实际的类型>。

模板类是类模板实例化后的一个产物。可以将类模板比喻为一个做饼干的模子，而模板类就是用这个模子做出来的饼干，至于这个饼干是什么味道的就要看实例化时用的是什么材料了，可以做巧克力饼干，也可以做豆沙饼干，这些饼干除了材料不一样外，其他都是一样的。

9.1.2　函数模板和模板函数

1. 函数模板

函数模板可以用来创建一个通用的函数，以支持多种不同的形参，避免重载函数的函数体重复设计。它的最大特点是把函数使用的数据类型作为参数。

函数模板的声明形式为：

```
template<typename(或 class) T>
<返回类型><函数名>(参数表)
{
    函数体
}
```

其中，template 是定义模板函数的关键；template 后面的尖括号不能省略；typename(或 class)是声明数据类型参数标识符的关键字，用以说明它后面的标识符是数据类型标识符。这样，在以后定义的这个函数中，凡希望根据实参数类型来确定数据类型的变量，都可以用数据类型参数标识符来说明，从而使这个变量可以适应不同的数据类型(见图 9－6)。

示例：

```
template<typename(或 class) T>
T fuc(T x, T y)
{
T x;
    //……
}
```

(a)

```
template<class T>
int Test<T>::cnt=0;
template<class T>
Test<T>::Test(T k):i(k)
{
n=k;
cnt++;
}
```

(b)

图　9－6

函数模板只是声明了一个函数的描述即模板，不是一个可以直接执行的函数，只有根据实际情况用实参的数据类型代替类型参数标识符之后，才能产生真正的函数。

2. 模板函数

模板函数的生成就是将函数模板的类型形参实例化的过程(见图 9-7)。

```
double d;
int a;
fuc(d,a);
```

图 9-7

系统将用实参 d 的数据类型 double 去代替函数模板中的 T 生成函数(见图 9-8)。

注意:模板的声明或定义只能在全局、命名空间或类范围内进行,即不能在局部范围、函数内进行,比如不能在 main 函数中声明或定义一个模板。

示例:

```
double fuc(double x,int y)
{
    double x;
    //……
}
```

图 9-8

9.1.3 模版特化

模板特化是指模板参数在某些特定类型下的具体实现。模板特化不同于模板的实例化,模板特化有时也称之为模板的具体化,分别有函数模板特化和类模板特化。针对特定的类型,需要对模板进行特化,也就是特殊处理,为模板的特化(见图 9-9)。

```
template <class T>
class A {};
template < > class A<bool> { //…// };
```

图 9-9

模板特化的基本语法规则如下:

定义中,template < >告诉编译器这是一个特化的类模板。

函数模板的特化基本语法规则见图 9-10。

```
template <class T>
T mymax(const T t1,const T t2)
{
    return t1 < t2 ? t2:t1;
}
```

图 9-10

上述两个 mymax 都能返回正确的结果,而第三个却不能,因为此时 mymax 直接比较两个指针 p1 和 p2 而不是其指向的内容(见图 9-11)。

示例:

```
void main()
{
    int highest=mymax(5,10);
    char c=mymax('a', 'z');
    const char * p1="hello";
    const char * p2="world";
    const char * p=mymax(p1,p2);
}
```

图 9-11

针对这种情况,当 mymax 函数的参数类型为 const char * 时,需要特化。

现在 mymax(p1,p2)能够返回正确的结果了(见图 9-12)。

```
template <>
const char * mymax(const char * t1,const char * t2)
{
return (strcmp(t1,t2) < 0) ? t2:t1;
}
```

图 9-12

9.1.4 模板的偏特化

模板的偏特化是指需要根据模板的部分参数,而不是全部的参数进行特化。

1. 类模板的偏特化

例如,C++语言标准库中的类 vector 的定义(见图 9-13):

```
template <class T, class Allocator>
class vector { // … // };
template <class Allocator>
class vector<bool, Allocator> { //…//};
```

图 9-13

这个偏特化的例子中,一个参数被绑定到 bool 类型,而另一个参数仍未绑定,需要由用户指定。

2. 函数模板的偏特化

严格来说,函数模板并不支持偏特化,但由于可以对函数进行重载,所以可以达到类似于类模板偏特化的效果。

template <class T> void f(T); (a)

根据重载规则,对(a)进行重载:

template < class T> void f(T *); (b)

如果将(a)称为基模板,那么(b)称为对基模板(a)的重载,而非对(a)的偏特化。

图 9-14 所示为模板函数的 3 种偏特化定义。

```
template<> functionname<int>(int &t1,int &t2){...} 或者
template functionname<int>(int &t1,int &t2){...}   或者
template functionname(int &t1,int &t2){...}
```

图 9-14

这 3 种定义是等同的。

这些声明的意思是:不要使用 functionname 函数模板来生成一个函数定义,而应该使用独立的、专门的函数定义显式地为数据类型 int 生成函数定义。

当编译器找到与函数调用匹配的偏特化定义的时候,编译器会优先使用该定义,而不再寻找模板定义。

9.1.5 模板特化时的匹配规则

1. 类模板的匹配规则

最优化的优于次特化的,即模板参数最精确匹配的具有最高的优先权(见图 9-15)。

示例:

```
template <class T> class vector{//…//};            // (a) 普通型
template <class T> class vector<T *>{//…//};       // (b) 对指针类型特化
template <> class vector <void *>{//…//};          // (c) 对 void * 进行特化
```

图 9-15

每个类型都可以用作普通型(a)的参数,但只有指针类型才能用作(b)的参数,而只有 void * 才能作为(c)的参数。

2. 函数模板的匹配规则

非模板函数具有最高的优先权,如果不存在匹配的非模板函数的话,那么最匹配的和最特化的函数具有高优先权(见图 9-16)。

示例:

```
template <class T> void f(T);                   // (d)
template <class T> void f(int, T, double);      // (e)
template <class T> void f(T *);                 // (f)
template <> void f<int> (int);                  // (g)
```

图 9-16

```
void f(double);         // (h)
bool b;
int i;
double d;
f(b);                   // 以 T=bool 调用 (d)
f(i,42,d)               // 以 T=int 调用(e)
f(&i) ;                 // 以 T=int * 调用(f)
f(d);                   // 调用(h)
```

续图　9-16

C++语言中，函数模板与同名的非模板函数重载时，应遵循下述调用原则：

(1)寻找一个参数完全匹配的函数，若找到就调用它。若参数完全匹配的函数多于一个，则这个调用是一个错误的调用。

(2)寻找一个函数模板，若找到就将其实例化生成一个匹配的模板函数并调用它。

(3)若上面两条都失败，则使用函数重载的方法，通过类型转换产生参数匹配，若找到就调用它。

(4)若上述3条原则都失败，还没有找到匹配的函数，则这个调用是一个错误的调用。

至于函数的选择原则，可以参考《C++语言 Primer》中的说明。

(1)创建候选函数列表，其中包含与被调用函数名字相同的函数和模板函数。

(2)使用候选函数列表创建可行的函数列表。这些都是参数数目正确的函数，并且有一个隐式的转换序列(参数类型转化)，其中包括实参类型与相应的形参类型完全匹配的情况。

(3)确定是否有最佳的可行函数，有则调用它，没有则报错。

可行函数的最佳性，主要是对使用函数的参数与可行性函数的参数的转换规则进行判断，从最佳到最差的顺序如下：

(1)完全匹配，但常规函数优先于显式定义模板函数，而显式定义模板函数优先于模板函数。

(2)提升转换，即从小精度数据转换为高精度数据，如 char/short 转换为 int，int 转化为 long，float 转换为 double。

(3)标准转换，如 int 转化为 char，long 转化为 double 等。

(4)用户自定义转换。

9.2　模板风险分析

模板的使用给程序开发带来了很多的便利，使面向对象的语言能发挥其最大的优势。但是，模板的使用也存在一些安全隐患。首先，由于C++语言没有二进制实时扩展性，所以模板不能像库那样被广泛使用。模板的数据类型只有在编译时才能被确定。因此，所有用基于模板算法的实现必须包含在整个设计的头文件中。另外，有些旧的C++语言编译器可能不支持模板,在使用这些编译器编译含有模板的代码时就会发生不兼容问题。另外,模板的一些高级特性,例如局部特殊化和特殊化顺序在不同的C++语言标准实现中也还是不统一的。尽管如此,结合STL使用模板还是可以大大减少开发时间。

下述内容分别从模板声明、名称解析、模板实例化和特化以及函数模板特化四方面对模板使用过程中可能存在的安全风险进行详细分析。

9.2.1 RV 0901 非成员泛型函数声明风险

风险描述:当程序员想要声明一个非成员泛型函数时,只能在一个不相关的命名空间中声明。这是因为当函数调用时,程序会根据调用函数的名字,采用参数依赖查找(ADL),将搜索的范围扩大到相关命名空间,如果在相关的命名空间之中声明非成员泛型函数,此泛型函数将被添加到重载集并通过重载决议进行匹配选择,将可能导致与程序员预期不一致的风险(见图9-17)。

示例:

```
#include<iostream>
#include<cstdlib>
using namespace std;

template<class T>
class Example{
    public:
      long operator+(long &rhs){
        return rhs;
      };
      void function(){
      cout<<(*this + 10)<<endl;
/*原本调用 operator+(long &rhs),应该输出 10,但实际上调用的 operator+(T a,int32_t b);*/
      };
};
namespace NS{
    class A{
      public:
        A(){};
    };
    template<class T>
    bool operator+(T a, int32_t b){
      return true;
    };
};
```

图 9-17

```
template class Example<NS::A>;
int main(){
    Example<NS::A> *example=new Example<NS::A>();
    example->function();
    return 0;
}
```

续图 9-17

编译通过，结果错误。

输出：1

案例分析：图9-17所示示例中，ADL参数依赖查找认为命名空间NS是一个关联的命名空间。在重载集合中有3个函数：

(1)内置 operator+：

T operator+(T,T)；

(2)成员 operator+：

Example<NS::A> Example<NS::A>::operator+(long)；

(3)专门的泛型函数：

bool NS::operator+<B<NS::A>>(Example<NS::A>,int32_t)

从整型常量10到int32_t的转换是比到long整型更好的匹配，因此，重载集会选择NS::operator+而不选择成员operator+，这可能与开发者的期望不一致。

风险类型：C++语言语法允许，但是有风险，属于缺陷级风险，测试可发现。

规避建议：AS0901慎用。非成员泛型函数不要在相关命名空间中声明。

9.2.2 RV 0902 单参数模板构造函数风险

风险描述：在构造一个有单一泛型参数的模板函数时，必须声明一个复制构造函数，此复制构造函数又叫作拷贝构造函数，是一种特殊的构造函数，它由编译器调用来完成一些基于同一类的其他对象的构建及初始化。其唯一的形参必须是引用，但并不限制为const，一般普遍的会加上const限制。此函数经常用在函数调用时用户定义类型的值传递及返回。拷贝构造函数要调用基类的拷贝构造函数和成员函数。如果情况允许，它将用常量方式调用，另外，也可以用非常量方式调用。这与开发者的预期可能相反，模板构造函数不会阻止编译器生成复制构造函数。这就会导致需要深层次复制的成员的复制语义不正确(见图9-18)。

示例：

```
#include<iostream>
#include<cstdlib>
using namespace std;
```

图 9-18

```
class Example{
    public:
      Example(int32_t a){ *i=a;};
      //Example(Example const& rhs);              //编译器隐式生成
      template<class T>
      Example(T const &rhs):i(new int32_t){
        *i= *rhs.i;
      };
      int32_t  *i;
};

void function(Example const &exam1){
    Example exam2(exam1);
                                   //会调用隐式生成的构造函数,销毁 exam1 时 exam2 会
                                     产生野指针
     *exam2.i=20;
};

int main()
{
    Example exam_1(10);
    function(exam_1);
    cout<< *exam_1.i<<endl;              //本想输出 10,但是 exam2 修改成了 20,
                                         //因为 function 中使用的是隐式生成的构造器
      return 0;
}
```

续图 9-18

编译通过,结果错误。

输出:20。原因:exam1 到 exam2 的拷贝是浅拷贝,并没有调用单一泛型参数的模板函数。

案例分析:图 9-18 所示示例中,Example 1 隐式生成的构造函数将被用到 exam2 到 exam1 的构造函数。因此,对成员指针 i 的浅层复制将会导致 exam1.i 和 exam2.i 指向同一个对象。但程序员的本意可能只是想创建并初始化一个新的对象,而且可能还会带来潜在更严重的风险,如果在销毁 exam1 时,若 exam2 定义在 main()中,那么必然会产生野指针。

风险类型:C++语言语法允许,但是有风险,属于缺陷级风险,测试可能无法发现。

规避建议:AS0902 慎用。在构造一个有单一泛型参数的模板函数时,必须声明一个复制构造函数。

9.2.3　RV 0903 模板赋值运算符有泛型参数时风险

风险描述：当一个模板赋值运算符有一个泛型参数时，应该声明一个拷贝赋值运算符。可能与开发者的预期相反，一个模板赋值运算符将不抑制编译器生成拷贝赋值运算符。这样当成员要求进行深拷贝的时候，可能会导致拷贝的语义不正确(见图 9－19)。

示例：

```
#include<iostream>
#include<cstdlib>
using namespace std;
class Example{
    public:
      Example(int a):i(new int32_t){ *i=a;};
      Example(){};
      //Example & operator=(Example const & rhs) 编译器隐式生成例子 1
      //{
      //   i=rhs.i;
      //   return *this;
      //}
      template<class T>
      T &operator=(T const & rhs){            //例子 2
        if(this! =&rhs){
          delete i;
          i=new int32_t;
           *i= *rhs.i;
        }
        return *this;
      };
    public:
      int32_t *i;                             //需要深拷贝的成员
};
void function(Example const &a1, Example & a2)
{
    a2=a1;                                    //非预期地调用了隐式生成的赋值函数
     *a2.i=20;
}

int main()
{
```

图　9－19

```
    Example exam_1(10);
    Example exam_2(5);
    function(exam_1,exam_2);
    cout<<*exam_1.i<<endl;
    return 0;
}
```

续图 9-19

编译通过。

结果输出:20。原因:a1 到 a2 是浅拷贝,a2 改变了 i 的值,因此 a1 的值也改变了。

案例分析:隐式生成的拷贝赋值操作符的例子 1 将用于复制 a1 给 a2。因此,一个指针成员 i 的浅复制将导致 a1 和 a2 的 i 都指向相同的对象。被创建和初始化的新对象可能不符合程序员预期。

风险类型:C++语言语法允许,但是有风险,属于缺陷级风险,测试可发现。

规避建议:AS0903 慎用。当一个模板赋值运算符有一个泛型参数时,应该声明一个拷贝赋值运算符。

9.2.4 RV0904 声明与模板参数同名的全局变量风险

风险描述:不能声明与模板参数同名的全局变量。如果在全局域中声明了与模板参数同名的变量,则该变量将会被隐藏掉(见图 9-20)。

示例:

```
#include<iostream>
using namespace std;

typedef int type;
template<class type>
class Example{
    public:
      Example(type n):node(n){};
      type node;                          //node 的类型不是全局定义的 int 型
};
int main()
{
    int a=65;                           // A ASCII 码为 65
    Example<char> exam(a);
    cout<<exam.node<<endl;              //node 此时为 char 型
    return 0;
}
```

图 9-20

编译通过。

输出结果：A。原因：全局域中声明的变量被隐藏了。

案例分析：上述代码中，声明了与模板同名的全局变量 type，程序的原意是输出对象 exam 的 node 变量的值，其类型是 type 型。

风险类型：C++语言语法允许，但是有风险，属于瑕疵级风险，测试可发现。

规避建议：AS0904 建议规避。不要在全局域中声明与模板参数同名的变量。

9.2.5　RV0905 模板参数名与成员名同名风险

风险描述：在同一个类中模板参数名和成员名相同会编译错误（见图 9－21）。

示例：

```
#include<iostream>
using namespace std;
template<class type>
class Example{
    public:
        Example(type n):node(n){};
        type node;
        typedef double type;              //错误：重复使用名为 type 的参数
};
int main()
{
    Example<int>exam(1);
    return 0;
}
```

图　9－21

案例分析：如图 9－21 所示示例中，编译错误 error：declaration of ′typedef double Example<type>∷type′ typedef double type。

风险类型：编译发现，属于瑕疵级风险。

规避建议：AS0905 建议规避。成员名不要和模板参数名相同。

9.2.6　RV0906 重复使用同名的模板参数名风险

风险描述：重复使用同名的模板参数名，可能导致模板调用错误，程序不知道应该调用哪一个函数模板生成的模板函数，导致出现与程序员预期不符的错误（见图 9－22）。

示例:

```
#include<iostream>
using namespace std;
template<class type,class type>               //重复使用模板参数名
class Example{
    public:
        Example(type n):node(n){};
        type node;
};

int main()
{
    Example<int,int>exam(1);
    return 0;
}
```

图 9-22

编译不通过。

错误信息:conflicting declaration 'class type'template<class type,class type>。

原因:重复使用模板参数名。

风险类型:编译发现,属于瑕疵级风险。

规避建议:AS0906 建议规避。不要重复使用同名的模板参数名。

9.2.7 RV0907 名称使用风险

风险描述:在一个具有依赖库的类模版中,任何能在依赖库中找到的名字应该使用合格的标记符或者 this→指针。使用一个合格的标记符或者 this→前缀标识符,能确保所选择的实体与开发者的期望是一致的(见图 9-23)。

示例:

```
typedef int32_t TYPE;
void g();
template <typename T>
class B;
template <typename T>
class A:public B<T>
{
    void f1()
    {
        TYPE t=0;                         //不符合,例 1
        g();                              //不符合,例 2
```

图 9-23

```
    }
    void f2()
    {
        ::TYPE t1=0;                        //符合,显式使用全局类型
        ::g();                              //符合,显式使用全局函数
        typename B<T>::TYPE t2=0;           //符合,显式使用基类类型
        this->g();                          //符合,显式使用基类"g"
    }
};
template<typename T>
class B
{
public:
    typedef T TYPE;
    void g();
};
template class A<int32_t>;
```

续图 9-23

案例分析:图 9-23 所示示例中,一个合格的编译器将选择例 1 中的::TYPE 和例 2 中的::g。编译是否通过取决于选择何种编译器,为了避免出现错误,在一个具有依赖库的类模版中,任何能在依赖库中找到的名字应该使用合格的标记符或者 this→指针。

风险类型:C++语言语法允许,但是有风险,属于瑕疵级风险,测试可发现。

规避建议:AS0907 慎用。在一个具有依赖库的类模版中,任何能在依赖库中找到的名字应该使用合格的标记符或者 this→指针。

9.2.8 RV0908 通过重载解析选择的函数的解析风险

风险描述:通过重载解析选择的函数应该解析之前在翻译单元中声明的函数。当根据调用函数的名字查找时,参数依赖查找(ADL)为搜索范围内的集合增加了额外的相关命名空间。ADL 在函数模板实例化的时候被执行,因此在模板被调用后声明一个函数是可能的。当调用一个带有依赖参数的函数时,为了确保 ADL 不会发生,用后缀表达式表示的被调用的函数可以是一个合格的名称或一个括号表达式(见图 9-24)。

示例:

```
void b(int32_t);
template<typename T>
void f(T const & t)
{
    b(t);                   //不符合,在 f 后调用 NS::B 的声明
    ::b(t);                 //符合,调用::b
```

图 9-24

```
    (b)(t);              //符合,调用::b
}
namespace NS
{
    struct A
    {
        operator int32_t() const;
    };
    void b(A const & a);
}

int main()
{
    NS::A a;
    f(a);
    return 0;
}
```

续图 9-24

案例分析:图 9-24 所示示例中,依赖类型的运算符可能也有这个问题。

风险类型:C++语言语法允许,但是有风险,属于瑕疵级风险,测试可发现。

规避建议:AS0908 慎用。为了在这些例子中避免 ADL,运算符不应该被重载,或者调用应该使用显式函数调用语法,并使用合格的名字或括号表达式(见图 9-25)。

示例:

```
template <typename T>
void f (t const & t)
{
    t==t ;                           //不符合,在 f 后声明调用 NS::operator==
    ::operator == (t,t);             //符合,调用内置的 operator==
    (operator == <T>) (t,t);         //符合,调用内置的 operator==
}

namespace NS
{
    struct A
    {
        operator int32_t () const;
    };
    bool operator==(A const &,A const &);
}

int main()
```

图 9-25

```
{
    NS::A a;
    f(a);
    return 0;
}
```

续图　9-25

9.2.9　RV0909模板未实例化风险

风险描述：在使用模板进行软件开发时，要确保所有的类模板、函数模板、类模板成员函数和类模板静态成员最少实例化一次。未调用的函数、非实例化的类和函数模板是噪声的潜在来源，并且可能会导致像丢失路径等严重的问题。

需要特别注意的是，即使一个给定的类模板被实例化多次，其中的一些成员函数仍可能未被实例化。因此，一定要确保所有的类模板、函数模板、类模板成员函数以及内模板静态成员最少实例化一次（见图9-26）。

示例：

```
#include<iostream>
using namespace std;
template<class T>
class Example{
public:
    void inst_men(){
        cout<<"initial inst_men"<<endl;
    }
    void uninst_men(){                    //不符合，未被实例化

    }
};

int main(){
    Example<int32_t>example;
    example.inst_men();                   //调用inst_men()实例化
    return 0;
}
```

图　9-26

编译通过。

输出：initial inst_men。

案例分析：图9-26所示示例中，在Example类中定义了inst_men()和uninst_men()两个公有的成员函数，而程序中只对inst_men()函数进行了实例化，未调用uninst_men()成员函数，也未对其进行实例化，一般情况下，除了增加冗余，使程序混乱，不规范外，不会产生太大

的影响,但是,如果所开发的软件系统复杂度高,软件规模庞大,一旦出现问题,将是非常麻烦的事情。

风险类型:C++语言语法允许,编译通过,属于瑕疵级风险,测试可发现。

规避建议:AS0909 慎用。在使用模板进行软件开发时,要确保所有的类模板、函数模板、类模板成员函数和类模板静态成员最少实例化一次。

9.2.10 RV0910 模板专门化风险

风险描述:对于任何给定的模板专门化,用专门化的模板参数显式实例化一个模板时,不应该致使程序不规范。一个隐式的模板专门化不能实例化模板的每一个成员。成员实例化的地方将会导致程序的不规范,使得应该使用具有哪个参数的模板变得不明确(见图 9-27)。

示例:

```
#include<iostream>
using namespace std;
template<class T>
class Example{
public:
    void function1(){
        cout<<"调用 function1()"<<endl;
    }
    void function2(){                    //只会为拥有成员 x 的类型 T 服务,若没有则调用会出错
        T t;
        cout<<t.x<<endl;
    }
};

int main()
{
    Example<int32_t>example;             //Example<int32_t>::function2()未被实例化
    example.function1();
    //example.function2();               //调用出错
    return 0;
}
```

图 9-27

编译通过。但是 Example<int32_t>::function2()没有实例化。若调用则出错:error: request for member 'x' in 't', which is of non-class type 'int'。

案例分析:图 9-27 所示示例中,不符合标准的实例化导致程序的不规范。

风险类型:C++语言语法允许,编译通过,属于瑕疵级风险,测试可发现。

规避建议:AS0910 慎用。对于任何给定的模板专门化,用专门化的模板参数显式实例化一个模板时,不应该致使程序不规范。

9.2.11　RV0911 模板声明风险

风险描述：一个模板的所有部分和显式特化应该在同一个文件中声明，作为它们主要模板的声明。如果出现未定义的行为，一组模板参数，编译器将会自动进行隐式实例化，而其部分或显式特化声明可能定义在程序中匹配模板参数集的另一个地方，这样就会造成与程序员预期不符的结果，产生风险（见图 9-28）。

示例：

```
 #ifndef TEST_H                          //test.h
 #define TEST_H
 #include<iostream>
using namespace std;
template<class T>void bad_tmpl(){cout<<"bad_tmpl()11111"<<endl;};
template<class T>void good_tmpl(){cout<<"good_tmpl()22222"<<endl;};
template<>void good_tmpl<int32_t>(){cout<<"good_tmpl()33333"<<endl;};//显实例化
 #endif // TEST_H

//main.cpp
 #include<iostream>
 #include<test.h>
using namespace std;

int main(){
    bad_tmpl<int32_t>();          //隐式实例化
    good_tmpl<int32_t>();         //显式实例化,good_tmpl<int32_t>()是可见的声明
    return 0;
}
```

图　9-28

编译通过。

输出：

bad_tmpl()11111　　　　　　　　//隐式实例化

good_tmpl()33333　　　　　　　//显式实例化

风险类型：C++语言语法允许，编译通过，属于瑕疵级风险，测试可发现。

规避建议：AS0911 慎用。一个模板的所有部分和显式特化应该在同一个文件中声明，作为其主要模板的声明。

9.2.12　RV0912 模板函数实例化风险

风险描述：在模板函数实例化为函数模板时，尽管模板参数 T 可以实例化成各种类型，但是采用模板参数 T 的各参数之间须保持完全一致的类型（见图 9-29）。

示例：

```
#include<iostream>
using namespace std;
template<class T>
T maxx(T x, T y){
    return (x>y)? x:y;
}
int main()
{
    int i=10;
    char c='a';
    float f=4.374;
    cout<<maxx(i,i)<<endl;              //正确
    cout<<maxx(c,c)<<endl;              //正确
    //cout<<maxx(i,c)<<endl;            //错误
    //cout<<maxx(c,i)<<endl;            //错误
    cout<<maxx(f,f)<<endl;              //正确
    //cout<<maxx(i,f)<<endl;            //错误
    //cout<<maxx(f,i)<<endl;            //错误
    return 0;
}
```

图 9-29

编译通过。

若调用错误的用法则会报错：error: no matching function for call to 'maxx(int&, char&)'。

案例分析：图 9-29 所示示例中，定义的函数模板是比较两个数的大小，数据类型既可以是系统预定义类型，也可以是用户自定义类型。这里，由函数模板生成了 3 个模板函数，分别是用模板实参 int，char，float 将类型参数 T 实例化而得的。

只有当参数类型完全一致时，得到的模板函数才是正确的。当参数类型不一致时，例如 max(i,c)，系统将提醒找不到与 max(int,char)相匹配的函数定义。然而，在 C++语言中，int 类型和 char 类型之间、float 类型与 int 类型之间、float 类型与 double 类型之间等，都可以隐式转换，而且这种转换是非常普遍的。因此，完全可以把函数 max(int,char)认为是函数 max(int,int)。但是，模板类型没有这种识别能力，不具有隐式类型转换的功能。

风险类型：C++语言语法允许，编译通过，属于瑕疵级风险，测试可发现。

规避建议：AS0912 慎用。解决这个问题的方法是允许函数模板参与重载，即可以用非模板函数重载一个同名的函数模板，有两种表述方式：

(1)利用函数模板的函数体。非模板函数对函数模板的重载定义是通过借用函数模板的函数体。需要定义重载时，只需声明，不用给出函数体，在执行此重载版本时会自动调用函数模板的函数体。例如，在上例中，可以作如下声明：int max(int,int)；这样就完成了重载声明，此重载函数虽然借用了函数模板的函数体，但它支持数据类型间的隐式转换。经过这样的重载定义后，使得 max(int, char)，max(char, int)，max (float, int)，max (int, float)，max (double,int)，max(double,float)等一系列函数变成为合理的和正确的调用。

(2)重新定义函数体。对于要重新定义函数体的重载函数,所带参数的类型可以自主设定,就像一般的重载函数一样定义。例如,在上例中,比较两个字符串的大小,可以重载定义如下:

```
char * max(char * x,char * y)
{return(strcmp(x,y)>0)? x:y;}
```

然而,在一个实际的函数调用时,它既可以和一个重载函数相匹配或是参数隐式转换后与某一重载函数相匹配,又可以与某一模板函数相匹配。究竟调用哪一个函数,需按照一定的原则确定先后次序。这些原则就是函数模板与同名的非模板函数的重载在调用时均需遵循的约定:

1)首先寻找一个参数完全匹配的函数,如果找到了就调用它。

2)在1)失败后,寻找一个函数模板,使其实例化,产生一个匹配的模板函数,若找到了,就调用它。

3) 在上面2条原则均失败后,再尝试低一级的函数重载方法,即通过类转换可产生参数匹配,若找到了,就调用它。

4)若以上3条原则均失败,则可判定是一个错误的调用。

重载函数模板的示例,将根据上面的原则来判断各函数的调用情况(见图9-30)。

示例:

```
#include<iostream>
#include<cmath>
using namespace std;

class point{
public:
    float x, y;
    point(float x=0, float y=0):x(x),y(y){};
    float getx(){return x;};
    float gety(){return y;};
    float point_sqrt(){
        return sqrt(x * x+y * y);
    }
    int operator >(point px,point py){
        if(px. point_sqrt()>py. point_sqrt())
            return 1;
        else
            return 0;
    }
};

template<class T>
```

图 9-30

```
T max(T x, T y)
{
    return (x>y)? x:y;
}                                           //重载函数定义

int max(int x,int y)                        //重新定义函数体
{
    return (x>y)? x:y;
}

char max(int x,char y)                      //重新定义函数体
{
    return (x>y)? x:y;
}
void func(int i,char c,float f)
{
cout<<max(i,i)<<endl;
cout<<max(c,c)<<endl;
cout<<max(i,c)<<endl;
cout<<max(c,i)<<endl;
cout<<max(f,f)<<endl;
cout<<max(f,i)<<endl;
}

int main()
{
int i; char c; float f;                     //输入 i,c,f
    func(i,c,f);                            //调用 func 函数实现模板参数类型的转换
    point pa(2,5),pb(3,4),pc;
    pc=max(pa,pb);                          //调用模板函数用 point 类类型实例化
    cout<<"("<< pc.getx () <<","<< pc.gety()<<")"<<endl;
    cout<<endl;
    return 0;
}
```

续图 9-30

编译通过。

案例分析:图 9-30 所示示例中,在主函数 main ()中,调用 func (i,c,f) 函数。在 func(i,c,f)函数中调用 max(i,i)时,由于两个参数均为整型,按照规则,首先查找完全匹配的函数进行调用,因此它调用的是 int max(int,int)重载版本。

(1)调用 max(c,c) 时,首先没有找到完全匹配的函数,因此对函数模板进行实例化,它应该调用函数模板的实例化版本:char max(char,char)。

(2)调用 max(i,c)时,首先查找完全匹配的版本,它与 char max(int,char)完全匹配,因此就调用这个重载函数版本。

(3)调用 max(c,i)时,既找不到完全匹配的函数版本,又找不到能与之匹配的模板函数,因此只好试第三步,看对参数类型转换后能否有匹配的,将 max(c,i)中的 c 转换成 int 型后与 int max(int,int)匹配,因此就执行这个重载函数版本。

(4)调用 max(f,f)时,找不到与它完全匹配的函数,那么函数模板实例化后的版本中的模板函数 float max(float,float)可与它匹配,因此它就调用模板函数。

(5)调用 max(f,i)时,既找不到完全匹配的函数,又找不到合适的模板函数,只好对其参数进行类型转换,其中 f 转换为 int 类型后,与 int max(int,int)相匹配,因此就调用这个重载函数版本。

(6)调用 max(pa,pb)函数,在主函数 main()中,由于两个参数均为用户自定义 point 类类型,找不到与它完全匹配的函数,那么函数模板实例化后的版本中的模板函数 point max (point,point)可与它匹配,因此它就调用模板函数。

在 point 类类型定义中,定义两点分别到原点(0,0)的距离,作为两点比较大小的依据,如某点离原点越远,则认为该点越大。point 类的成员函数 point _sqrt ()求点到原点的距离,员函数 int operator>(point px,point py)用来重载">"运算符,判断 point 类对象的大小。需要注意以下事项:

(1)利用模板函数的函数体重载定义非模板函数时,只需声明,不用给出函数体,且声明时必须注意各模板参数的实参类型必须一致,如 int max(int,int)等。

(2)重新定义重载函数体时,特别要注意避免产生预期的和非预期的二义性。例如,若对函数模板有这样两个重载函数:

```
int max(int,int);              //重载声明
char max(int x,char y)         //重新定义
{ … }
```

在进行函数调用时有这样一个调用形式:max(i,f);此处 i 为 int 类型,f 为 float 类型,系统无法决定该调用与这两个重载函数中的哪一个相联系,既可以将 f 转换成 int 类型后调用 max (int,int),又可以将 f 转换成 char 类型后调用 max(int,char)。这个函数调用就存在着二义性。

9.2.13　RV0913 重载函数模板风险

风险描述:重载函数模板不应该被显式特化。只有重载决议从基础函数模板集中选择了最好的匹配后,显式特化才将被考虑,这可能存在二义性风险(见图 9-31)。

示例:

```
#include<iostream>
using namespace std;


template<class T>void function(T a)
{                                             //重载实例 1
```

图　9-31

```
    cout<<"use function(T a)"<<endl;
}
template<class T>void function(T * a)
{//重载实例 2
    cout<<"use function(T *a)"<<endl;
}
template<>void function<int32_t *>(int32_t * a)
{//例 1 的显式特化
    cout<<"use function<int32_t>(int32_t)"<<endl;
}

int main()
{
    int32_t *a;
    function(a);//不符合,调用的是重载实例 2
    return 0;
}
```

续图 9-31

编译通过。

输出:use function(T *a)。和预期结果不一样

风险类型:C++语言语法允许,编译通过,属于瑕疵级风险,测试可发现。

规避建议:AS0913 慎用。重载函数模板不应该被显式特化。若一个模板不与别的模板重载,或者与非模板函数重载,则可以被显式特化,如果选择了主模板,显式特化将被考虑,这是与开发者的期望一致的。

9.2.14 RV0914 模板函数特化风险

风险描述:一个函数调用的可行函数集应该要么不包含函数特化,要么只包含函数特化。经过重载决议,如果一个函数和一个函数模板特化被认为等效,那么系统将会选择非特化函数,这可能与开发者的期望不一致,存在二义性的风险(见图 9-32)。

示例:

```
#include<iostream>
using namespace std;

template<class T>void function(T a)
{                                            //例 1
    cout<<"use function(T a)"<<endl;
```

图 9-32

```
}
template<>void function<int32_t * >(int32_t * a)
{//例 2
    cout<<"use function<int32_t * >(int32_t * )"<<endl;
}

int main()
{
    int32_t * a;
    function(a);//符合,调用例 2
    return 0;
}
```

续图　9－32

编译通过。

输出:use function<int32_t * >(int32_t *)。

风险类型:C++语言语法允许,编译通过,属于瑕疵级风险,测试可发现。

规避建议:AS0914 慎用。一个函数调用的可行函数集应该要么不包含函数特化,要么只包含函数特化。

此规则不适用于拷贝构造函数和拷贝赋值运算符(见图 9－33)。

示例:

```
#include<iostream>
using namespace std;
void function(short a)
{                                          //例 1
    cout<<"use function(short a)"<<endl;
}
template<class T>void function(T a)
{                                          //例 2
    cout<<"use function(T a)"<<endl;
}

int main()
{
    short a;      function(a);             //不符合,调用例 1
    function(a+1);                         //不符合,调用例 2
    function<>(a);                         //符合,显式调用例 2
    function<>(a+1);                       //符合,显式调用例 2
    return 0;
}
```

图　9－33

编译通过。

输出：

```
use function(short a)
use function(T a)
use function(short a)                //有问题
use function(T a)
```

9.3 风险规避建议

针对以上分析的可能出现的问题，下面给出风险规避的具体建议。

规避建议：AS0901 慎用。非成员泛型函数不要在相关命名空间中声明。

规避建议：AS0902 慎用。在构造一个有单一泛型参数的模板函数时，必须声明一个复制构造函数。

规避建议：AS0903 慎用。当一个模板赋值运算符有一个泛型参数时，应该声明一个拷贝赋值运算符。

规避建议：AS0904 建议规避。不要在全局域中声明与模板参数同名的变量。

规避建议：AS0905 建议规避。成员名不要和模板参数名相同。

规避建议：AS0906 建议规避。不要重复使用同名的模板参数名。

规避建议：AS0907 慎用。在一个具有依赖库的类模版中，任何能在依赖库中找到的名字应该使用合格的标记符或者 this→指针。

规避建议：AS0908 慎用。为了在这些例子中避免 ADL，运算符不应该被重载，或者调用应该使用显式函数调用语法，并使用合格的名字或括号表达式。

规避建议：AS0909 慎用。在使用模板进行软件开发时，要确保所有的类模板、函数模板、类模板成员函数和类模板静态成员最少实例化一次。

规避建议：AS0910 慎用。对于任何给定的模板专门化，用专门化的模板参数显式实例化一个模板时，不应该致使程序不规范。

规避建议：AS0911 慎用。一个模板的所有部分和显式特化应该在同一个文件中声明，作为其主要模板的声明。

规避建议：AS0912 慎用。允许函数模板参与重载，即可以用非模板函数重载一个同名的函数模板。

规避建议：AS0913 慎用。重载函数模板不应该被显式特化，若一个模板不与别的模板重载，或者与非模板函数重载，则可以被显式特化，如果选择了主模板，显式特化将被考虑，这与开发者的期望是一致的。

规避建议：AS0914 慎用。一个函数调用的可行函数集应该要么不包含函数特化，要么只包含函数特化。

9.4 本章小结

本章对 C＋＋语言面向对象语言在开发航空软件时，模板使用方面可能出现的安全风险问题进行了分析，并通过实际的案例对可能出现的风险进行了预估和分析描述；针对可能存在的安全风险，通过对每一种风险设计安全漏洞实例，具体分析和讨论了这些安全风险产生的原因及特点，并最终给出了安全编程规避策略。

第10章 标准类库

C++语言标准函数库(见图 10-1),基本保持了与原有C语言程序库的良好兼容,尽管有些微变化。实际上,在C++语言标准库中存在两套C语言的函数库,一套是带有.h扩展名的(比如<stdio.h>),而另一套则没有(比如<cstdio>),两者没有太大不同。

C++语言标准函数库 STL 主要包含了容器、算法和迭代器。此外,String 也是 STL 的一部分。

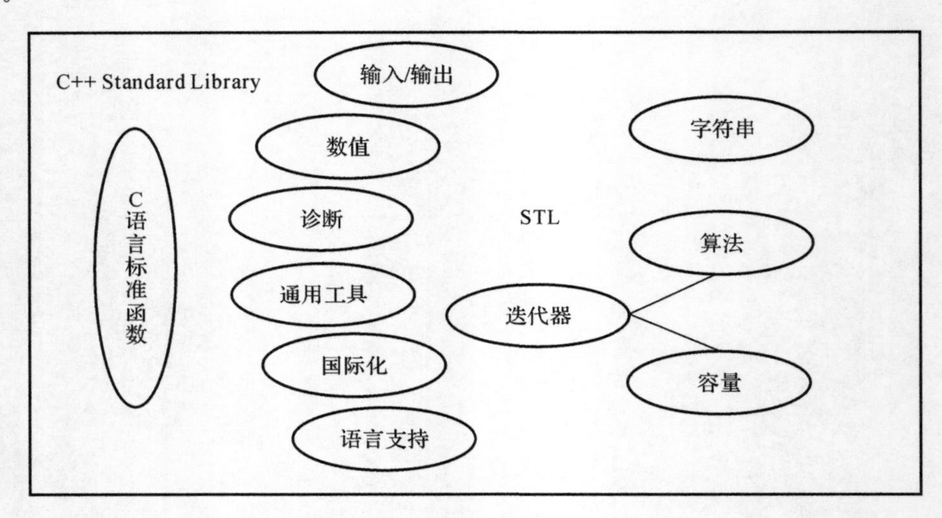

图 10-1 C++语言标准函数库

STL 是作为C++语言标准库的一部分存在的,据统计,STL 的代码占到了整个C++语言标准库的80%;STL 用到了C++语言中的模板机制,即泛型编程的思想、函数重载、命名空间等特性,从其诞生的过程来看,STL 与C++语言可以说是相辅相成的;STL 的背后蕴含着泛型化程序设计(GP)的思想,在这种思想里,大部分基本算法被抽象、被泛化,独立于与之对应的数据结构,用于以相同或相近的方式处理各种不同情形。

10.1 标准模板库 STL 概述

标准模板库 STL 是基于模板的实用类库,STL 中几乎所有的实现都是基于C++语言模板机制,STL 中有容器(Container)、算法(Algorithm)和迭代器(Iterator)3 种基本元素。其中容器是用来存放对象的数据结构,它也是一种对象。算法是操作在容器之上的函数,STL

Iterator 设置算法的边界、容器的长度等。迭代器(Iterator)是容器和算法的桥梁,它使得容器和算法可以单独实现。

STL 提供了数组(在 STL 术语中称为矢量 vector)、链表(单向或双向)、队列、映射和显式标准数据结构的完整实现。在 STL 中,迭代器 (Iterator)是在容器中浏览元素而不必修改这些元素在容器中位置的一种方式。为了使用迭代器,可以使用操作符"++"和"--"来向前和反向移动。可以把迭代器视为指向容器中对象的指针。它提供了在容器中操纵对象数据的方法,而不必直接与数据结构打交道。迭代器有不同的类型。有些只向前移动,有些只能反向移动,有些只能用于读对象数据,而另一些能够用于修改它们所操纵的容器中的对象数据。算法 (Algorithm)通过迭代器来实现对容器中对象数据的操作。

10.1.1　存入容器中的对象的要求

对存入容器中的对象在以下几方面应值得注意。

(1)类的构造函数,需要实现类的缺省构造函数和拷贝构造函数。如果没有提供它们,STL 将会使用编译器提供的构造函数,而编译器提供的构造函数实现的是逐位拷贝,这样类对象中的指针成员会导致奇怪的错误。

(2)操作符的重载,需要对赋值"="操作符、"<"操作符和"=="操作符进行重载。对赋值"="操作符的重载的原因与拷贝构造函数相似,而对"<"操作符和"=="操作符进行重载为了与容器所实现的一些算法配合使用以实现特殊的功能。

下面通过一个示例来说明要实现这些要求的原因(见图 10-2)。

```
void f() { / / < — — — — — — — —            (1)
class X { }
list < X> x list; / / < — — — — — — — —     (2)
X x ();
xlist. push— back(/ x /)< ; — — — — — — — —   (3)
… X
x 2;
x list. front()=/x / 2; < — — — — — — — —   (4)
X x 3;
x list. remove(x 3);// < — — — — — — — —    (5)
x list. sort(); / / < — — — — — — — —      (6)
return;
} ; / / < — — — — — — — —                   (7)
```

图　10-2

超出函数 f()的作用范围,对象在图 10-2 中(7)将会被释放,因此需要析构函数。创建一个具体的 list 容器 list < X> 时,list 容器的构造函数将会创建一个节点 (list-node),其中有一个数据成员会拥有 X 的一个拷贝。

List-node 代码如下(见图 10-3):

```
template < class T>
    struct list- node
    {
        void - pointer next;
        void - pointer prev;
        T data;
    };
```

图 10-3

要创建 list - node,数据成员 T data 必须要有一个缺省的构造函数或者一个拥有缺省参数的构造函数。因此在图 10-2 中(2)处需要一个缺省的构造函数调用。而在 insert 函数在中将会用到 STL(allocator)接口并通过 new 操作符使用原对象 x 来构造一个 X 对象,因此需要一个拷贝构造函数。

在 STL 中构造对象的函数形式见图 10-4。

```
template < class T1,class T2>
inline void construct(T1 * p,const T2& value)
{
    new (p) T1(value) ;
}
```

图 10-4

(3)在图 10-2 中(4)处,用一个新对象 x2 来替换 list 容器中的第一元素,front 方法将会返回第一个元素的数据成员的引用并给它赋以新值 x2。这操作需要赋值操作符"="的介入,因此需要对赋值操作符进行重载。

(4)在图 10-2 中(5)处,在容器中移出与 x3 值相等的元素,remove 操作从容器的起始位置处开始一直搜索到要查找的对象找到或容器的终止处为止。如果找到了要找的对象就将它从容器中移出去并调用它的析构函数。在寻找的过程中将会需要操作符"== "的介入,因此需要对"=="操作符进行重载。

(5)在图 10-2 中(6)处,对容器中的元素进行分类操作(sort)如从小到大排序。缺省情况下 sort 调用内建的 merge 和 sort 算法,而它们需要对象实现了" <"操作符的定义。因此需要对" <"操作符进行重载。

在类实现中,若对缺省的构造函数、缺省的拷贝构造函数、缺省的赋值操作、缺省的析构函数没用定义,则编译器会自动产生它们的缺省实现。不过,在类的实现中最好定义以上的函数,避免使用编译器提供的缺省函数。

10.1.2 正确使用函数模板 STL 实例分析

现举一个计算类对象示例个数的例子来进一步说明如何在程序开发中正确应用 STL(见图 10-5)。

```
# include < iostream>
# include < time. h>
# include < typeinfo. h>
# include" tstash. h"
using namespace std;
class shape                                        //基类
{
      static int count;
      public:
      shape()
      { count++; }
      virtual~ shape()=0
      { count-- ; }
      virtual void draw () const=0;
      static int quantity()
      { return count; }
};

int shape::count= 0;
class rectangle:public shape                       //派生类
{
      void operator= (rectangle&);                 //赋值操作符重载
      protected:
      static int count;
      public:
      rectangle(const rectangle&) {count++ ; }     //拷贝构造函数
      ~rectangle() { count-- ;}
      void draw () const
      { cout <<"rectange::draw()"<< endl }
      static int quantity() {return count; }
};

int rectangle::count= 0;
class ellipse:public shape                         //派生类
{
      void operator= (ellipse &);                  //赋值操作符重载
      protected:
      static int count;
      public:
      ellipse() { count++ ; }
      ellipse(const ellipse&) {count++ ; }         //拷贝构造函数
      ~ ellipse() { count-- ; }
      void draw () const
```

图 10-5

```
    { cout << "ellipse::draw()" << endl ;}
    static int quantity() {return count; }
};

int ellipse::count= 0;

int main(intargc,char * argv [ ])
{
    tstash < shape> shapes;
    time - tt;
    srand((unsigned) time(& t));
    const mod= 12;
    for(int i= 0; i < rand() % mod; i+ +)
    int nr= 0;
    int ne= 0;
    int ns= 0;
    for(int u= 0; u < shapes. count() ; u+ +)
    { shapes [u ]- > draw ();
        if (dynamic- cast < ellipse * > (shapes [u ]))
        ne++ ;
    }

    shapes. madd(new rectangle);
    for(int j= 0; j < rand() % mod; j + +)
    shapes. madd(new ellipse);
    Class CustomerFactory extends BodyFactory{
    Protected Body factoryMethod(String name)
    return new Custom er(name+ "Created by Custom erFactory") ;
    }
}
```

续图 10-5

调用测试类见图 10-6。

```
class mian
{
    public static void main(String [ ] args)
    {
     BodyFactory bf- drv=new Driver Factory();
     BodyFactory bf- cus=new Custom erFactory() ;
     bf- drv. executeOperation("Driver") ;
     bf- cus. executeOperation("Customer");
   }
}
```

图 10-6

运行结果见图 10－7：

```
The current body is Driver(Created by DriverFactory)
Add a driver
Delete a driver
The current body id Customer(Created by CustomerFactory)
Add a customer
Delete a customer
```

图　10－7

10.2　标准类库风险分析

10.2.1　RV1001 定义、修改标准库中保留的标识符、宏和函数风险

风险描述：标准库中保留的标识符、宏和函数不能被定义、重定义或取消定义。通常 #undef一个定义在标准库中的宏是件坏事。同样不好的是，# define 一个宏名字，而该名字是C＋＋语言的保留标识符、C＋＋语言关键字或标准库中任意的宏、对象或函数名称。例如，存在一些特殊的保留字和函数名字，它们的作用为人所熟知，如果对它们重新定义或取消定义就会产生一些未定义的行为(见图 10－8)。这些名字包括 defined，_LINE_、_FILE_、_DATE_，_TIME_、_STDC_，errno 和 assert。

示例：

```
#include<iostream>
#define NULL (a>b)                    //不符合
using namespace std;
int main()
{
    return 0;
}
```

图　10－8

编译警告：warning："NULL" redefined。

案例分析：图 10－8 所示示例中，# define 一个 NULL 的宏名字，而该名字是 C＋＋语言的关键字，它的作用为人所熟知，如果对它重新定义或取消定义就会产生一些未定义的行为，导致风险。

风险类型：编译发现，属于缺陷级风险。

规避建议：AS1001 禁用。不要重新定义 C＋＋语言关键字或标准库中的宏、对象或函数名称。

10.2.2 RV1002 标准库宏和对象的名称重用风险

风险描述：标准库宏和对象的名称不得重用。开发者使用了标准库中宏或对象的新版本(例如，增强功能或增加输入值的检查)，那么修改过的宏或对象将有一个新的名字。这可用来避免不知是使用了标准的宏或对象还是使用了它们的更新版本所带来的任何混淆(见图10-9)。

示例：

```
#define __TIME__ 11111111       //不符合
#include<iostream>
using namespace std;

int main()
{
    cout<<__TIME__<<endl;
    return 0;
}
```

图 10-9

编译通过，警告：warning："__TIME__" redefined

输出：11111111

风险类型：编译发现，属于瑕疵级风险。

规避建议：AS1002 禁用。禁止对标准库宏和对象名重用。

10.2.3 RV1003 重写标准库函数的名称风险

风险描述：标准库函数的名称不得重写。开发者使用标准库函数的新版本(例如，增强功能或增加输入值的检查)，修改后的函数将有一个新的名字。然而，如果该功能与原始的功能是一致的，则允许增加一个新的参数类型来重载名称。这确保了名称与相关联的行为保持一致。例如，如果一个新版本的 sqrt 函数被写为检查输入不为负数，则新函数不应命名为“sqrt”，而应赋予新的名称，允许添加一个库中不存在的新 sqrt 函数(见图 10-10)。

示例：

```
#include<iostream>
#include<cmath>
using namespace std;
bool sqrt(int a){                    //不符合
    if(a < 0)
    return false;
    else return true;
```

图 10-10

```
}

int main()
{
    cout<<sqrt(9)<<endl;//输出 1(true)
    return 0;
}
```

续图 10-10

编译通过。

案例分析：图 10-10 所示示例中，输出结果并不是 3，导致了 sqrt 行为发生了改变，只允许定义含有不同参数的函数来重载 sqrt。

风险类型：C++语言语法允许，但是有风险，属于瑕疵级风险，测试可发现。

规避建议：AS1003 禁用。禁止重写标准库函数的名称。

10.2.4 RV1004 使用库<ctime>中的时间处理函数风险

风险描述：禁止使用库<ctime>中的时间处理函数。因为软件开发中许多方面都是实现定义或未指定的行为，比如时间的格式(见图 10-11)。

示例：

```
#include<ctime>
void f()
{
    clock();                    //不符合
}
```

图 10-11

风险类型：C++语言语法允许，但是有风险，属于缺陷级风险，测试可发现。

规避建议：AS1004 禁用。禁止使用库<ctime>中的时间处理函数。

10.2.5 RV1005 使用库<cstring>中的无界函数风险

风险描述：禁止使用库<cstring>中的无界函数。<cstring>库中的 strcpy，strcmp，strcat，strchr，strspn，strpbrk，strrchr，strstr，strtok 和 strlen 函数可能读写超出缓存区的大小，导致未定义的行为(见图 10-12)。

理想情况下，应该使用一个安全的字符串处理库。

示例:

```
#include<cstring>
#include<iostream>
using namespace std;

void function(const char * pChar){
    char array[10];
    strcpy(array,pChar);                    //不符合
}

int main()
{
    char * cha="hhhhhhh";
    function(cha);
    return 0;
}
```

图 10-12

编译通过,警告:warning:deprecated conversion from string constant to 'char *'。

风险类型:C++语言语法允许,但是有风险,属于瑕疵级风险,测试可发现。

规避建议:AS1005 禁用。禁止使用库<cstring>中的无界函数。

10.2.6 RV1006 使用宏 offsetof 风险

风险描述:不应使用宏 offsetof。当这个宏的操作数的类型不兼容或使用了位域时,它的使用会导致未定义的行为(见图 10-13)。

示例:

```
#include<iostream>
using namespace std;
struct A{
    int32_t i;
    int a;
};
void function()
{
    cout<<offsetof(A,i)<<endl;              //不符合
}

int main()
{
    function();
    return 0;
}
```

图 10-13

编译通过。

输出结果:0,不符合。

风险类型:C++语言语法允许,但是有风险,属于瑕疵级风险,测试可发现。

规避建议:AS1006禁用。禁止使用宏offsetof。

10.2.7　RV1007使用动态堆的内存分配风险

风险描述:不能使用动态堆的内存分配。动态内存的使用可能会导致存储器运行时故障,这是不可取的。内置的new和delete操作符,除了布局版本,使用动态堆内存。calloc,malloc,realloc和free函数也使用动态堆内存。

涉及动态内存分配时,存在整个范围内的未指定的、未定义的和实现定义的行为,以及其他大量的潜在缺陷。动态堆内存分配能够导致内存泄漏、数据不一致、内存耗尽和不确定的行为(见图10-14)。

注意:某些实现可能会使用动态堆内存的分配以实现其他函数(如库cstring中的函数)。如果这种情况发生,也需要避免使用这些函数。

示例:

```
#include<iostream>
using namespace std;

void function()
{
    int32_t *i=new int32_t;                    //不符合
    delete i;
}

int main()
{
    function();
    return 0;
}
```

图　10-14

编译通过。

风险类型:C++语言语法允许,但是有风险,属于缺陷级风险,测试可发现。

规避建议:AS1007慎用。谨慎使用动态堆的内存分配。

10.2.8　RV1008使用错误指示标记errno风险

风险描述:禁止使用错误指示标记errno。errno是一个C++语言工具,理论上是有用的,但在实际中,ISO/IEC 14882:2003没有很好地定义它。一个非零值可以指示问题的发生,也可以不用它指示;因此,不应该使用errno。

即使对于那些已经良好定义了 errno 的函数而言，在调用函数前检查输入值也不依靠 errno 来捕获错误(见图 10-15)。

示例：

```
#include<iostream>
#include<cstdlib>
#include<cerrno>
using namespace std;

void function(const char *str)
{
    errno=0;                        //不符合
    int32_t i=atoi(str);
    if(0! =errno)
    {                               //不符合
        cout<<"what happen"<<endl;
    }
}

int main()
{
    char *str="hello";
    function(str);
    return 0;
}
```

图 10-15

编译通过。

风险类型：C++语言语法允许，但是有风险，属于瑕疵级风险，测试可发现。

规避建议：AS1008 禁用。禁止使用错误指示标记 errno。

10.2.9 RV1009 使用输入输出库<cstdio>风险

风险描述：不应使用输入输出库<cstdio>。这包含文件和 I/O 函数 fgetpos，fopen，ftell，gets，perror，remove，rename 等。

流和文件 I/O 具有大量未指定的、未定义的和实现定义的行为与之相关联(见图 10-16)。

示例：

```
#include<iostream>
#include<cstdio>                    //不符合
using namespace std;
```

图 10-16

```
void function()
{
    char array[10];
    gets(array);//会导致缓存区超限运行
}

int main()
{
    function();
    return 0;
}
```

续图　10-16

编译通过。

风险类型:C++语言语法允许,但是有风险,属于瑕疵级风险,测试可发现。

规避建议:AS1009 禁用。禁止使用输入输出库<cstdio>。

10.3　风险规避建议

针对以上分析的可能出现的问题,下面给出风险规避的具体建议。

规避建议:AS1001 禁用。不要重新定义 C++语言关键字或标准库中的宏、对象或函数名称。

规避建议:AS1002 禁用。禁止对标准库宏和对象名重用。

规避建议:AS1003 禁用。禁止重写标准库函数的名称。

规避建议:AS1004 禁用。禁止使用库<ctime>中的时间处理函数。

规避建议:AS1005 禁用。禁止使用库<cstring>中的无界函数。

规避建议:AS1006 禁用。禁止使用宏 offsetof。

规避建议:AS1007 禁用。禁止使用动态堆的内存分配。

规避建议:AS1008 禁用。禁止使用错误指示标记 errno。

规避建议:AS1009 禁用。禁止使用输入输出库<cstdio>。

10.4　本章小结

本章对 C++语言面向对象语言在开发航空软件时,标准类库使用方面可能出现的安全风险问题进行了分析,并通过实际的案例对可能出现的风险进行了预估和分析描述;针对可能存在的安全风险,通过对每一种风险设计安全漏洞实例,分析和讨论了这些安全风险产生的原因及特点,并最终给出了安全编程规避建议。

第 11 章　运行时错误

11.1　运行时错误概述

运行时错误是程序在运行过程中,可能出现的各种故障情况。当程序在运行时,如果有一个稍微不同的语言问题出现在已经正确编译的代码中,由于提供给它的是特定数据,在代码执行过程中会出现错误。为了避免出现类似的运行时错误,编程语言可以建立运行时检查机制,通过对可执行代码的检查,检测出可能存在的运行时错误,并采取适当的措施将错误消灭在萌芽状态。

由于使用C++语言编程语言生成的代码趋于小型高效的特征,其减少了很多在程序执行期间需要进行的动态检测,导致运行时检查一直较薄弱。此外,C++语言编译器对诸如算术异常(例如除数为零)、溢出、指针地址的有效性和数组边界错误这类常见的问题一般不提供运行时检查,这就可能导致出现相应的风险。

11.2　运行时风险分析

11.2.1　RV1101 未检测处理运行时错误风险

风险描述:运行时检查是开发人员需要特别注意的问题(不是特定于C++语言),尤其是在C++语言运行时检查较为薄弱,C++语言实现不要求执行许多动态检查。因此,C++语言开发人员需要仔细考虑,只要有任何发生运行时错误的可能性,就要添加动态检查的代码。

其中,如果表达式的取值是在规定的合理范围内,换句话说,在其定义的范围内,只要保证表达式所有的取值都不会发生异常,此时运行时检查就可以不做。但是在这样的情况下,为了确保表达式的值不会发生异常,必然要考虑与其相关的假设依赖条件边界范围,这样做必须非常小心,因为相关的依赖假设条件可能会失效,或者任何其他原因可能导致假设依赖条件变化而致使后续的代码修改,造成运行时错误。

下述几种情况是相关领域可能出现的运行时错误,需要考虑提供动态检查。

1. 算数错误

常见的算术错误包括通过表达式而转移的数值错误,如溢出、下溢、除以零或显著位丢失的评估发生的错误等。其中,在考虑整数溢出时,要注意,无符号整数的计算不会严格溢出,即不会产生未定义的值,可能会产生有定义但可能出现错误的值。

2. 指针运算错误

确保当一个地址动态计算的地址是合理的,并指出某处意义。尤其应确保,如果一个结构或阵列内的指针指向,当指针被递增或以其他方式改变但仍然指向相同的结构或阵列。

3. 数组边界错误

确保使用它们来索引阵列之前,数组的索引是在数组大小的范围内(见图 11-1)。

```
// Given a pointer to a message, check the message header and return
// a pointer to the body of the message or NULL if the message is
// invalid.
const char_t * msg_body (const char_t * msg)
const char_t * body=NULL;

if (msg ! = NULL)

if (msg_header_valid(msg))
body=&msg [ MSG_HEADER_SIZE ],
return (body);

char_tmsg_buffer [ MAX_MSG_SIZE ], const char_t * payload;
payload=msg_body(msg_buffer), if { payload ! = NULL)
// process the message payload
}
```

图　11-1

4. 函数参数错误

函数的参数应当进行验证。

5. 指针回收错误

当一个函数返回一个指针时,该指针随后被取消,引用的程序应首先检查指针不为 NULL。在函数中,它是相对简单的道理哪些指针可能会或可能不会保留 NULL 值。跨函数的界限,调用其他源文件或库中定义的功能尤其是当它要困难得多。这将被用来最大限度地减少运行时的故障的技术应该有计划和记录,例如在设计标准、测试计划、静态分析的配置文件、代码审查清单。

风险类型:C++语言语法允许,但是有风险,属于瑕疵级风险,测试可发现。

规避建议:AS1101 慎用。程序员在软件的开发过程之中,只要有任何发生运行时错误的可能性,就要添加动态检查的代码,及时检测处理运行时错误。

11.2.2　RV1102 未对函数生成的错误进行测试风险

如果一个函数生成错误信息,必须对此错误信息进行测试。一个函数(无论它是标准库的一部分,第三方库或用户定义函数)都可以提供一种表示错误的发生的方法。这可能是通过一个全局错误标志,一个参数的错误标志,一个特殊的返回值或其他一些手段。每当这样的机制是由一个函数提供的调用程序应检查一个错误的指示时,函数要尽快返回。

然而,应注意的是,检查的输入值的函数被认为是一个更好的错误预防的手段,而不是在函数结束之后试图检测错误(见图 11-2)。

示例:

```
extern void fn3 (int32_ t i,bool & flag);
int 32_t fnl (int32_t i)
{
    int32_t   result=O;
    bool success=false;
    fn3 (i, success) ;              // 不合法 success 没有检验
    return result ;
}

int 32_t fn2 (int32_t i
{
    int32_t result=O;
    bool success=false;
    fn3 (i, success) ;              // 合法 success 以检验
    if (! success)
    {
        throw 42;
        return result;
    }
}
```

图 11-2

案例分析:图 11-2 所示示例中,函数 fn1()中,对函数生成的变量 success 未进行检验,可能会导致错误的发生,而函数 fn2()中,对函数生成的变量 success 进行了检验,并进行了处理,避免了可能会出现的错误。

风险类型:C++语言语法允许,但是有风险,属于瑕疵级风险,测试可发现。

规避建议:AS1102 慎用。如果一个函数生成错误信息,必须对此错误信息进行测试。

11.3 风险规避建议

针对以上分析的可能出现的问题,下述给出风险规避的具体建议。

规避建议:AS1101 慎用,程序员在软件的开发过程之中,只要有任何发生运行时错误的可能性,就要添加动态检查的代码,及时检测处理运行时错误。

规避建议:AS1102 慎用,如果一个函数生成错误信息,必须对此错误信息进行测试。

11.4 本章小结

本章对 C++语言面向对象语言在开发航空软件时，针对程序运行时可能出现的安全风险问题进行了分析，并通过实际的案例对可能出现的风险进行了预估和分析描述；针对可能存在的安全风险，通过对每一种风险设计安全漏洞实例，分析和讨论了这些安全风险产生的原因及特点，并最终给出了安全编程规避策略。

参考文献

[1] MOTOR I R A. MISRA－C ＋＋：2008－Guidelines for The Use of The C ＋＋ Language in Critical Systems[M]. Nuneaton：MIRA Limited，2008.

[2] LOCKHEED M C. Joint Strike Fighter Air Vehicle C＋＋ Coding Standards for the System Development and Demonstration Program[R]. Maryland：Lockheed Martin Corporation，2005.

[3] ISO/IEC PDTR 18015. Technical Report on C＋＋ Performance[S]. [s. l.]：ISO/IEC JTC1/SC22/WG21，2003.

[4] MISRA. Guidelines for the Use of the C Language in Vehicle Based Software[R]. Nuneaton：[s. n.]，1998.

[5] SCOTT M. Effective C＋＋：50 Specific Ways to Improve Your Programs and Design [M]. 2nd ed. New Jersey：Addison－Wesley，1998.

附　　录

附录A　面向对象语言C++语言安全风险汇总表(见附表A-1)

附表A-1　面向对象语言C++语言安全风险汇总表

序　号	风险编号	风　险	备　注
1	RV0201	数据封装风险分析	测试发现
2	RV0202	继承的二义性风险	测试发现
3	RV0203	同一层级的某一基类既是虚基类又是非虚基类风险	测试发现
4	RV0204	常量类型的成员函数返回非常量类型的指针风险	测试发现
5	RV0205	成员函数返回类数据的非常量句柄风险	测试发现
6	RV0206	未将无须修改的成员函数声明static或const类型风险	测试发现
7	RV0207	构造函数或析构函数体内调用对象的动态类型风险	测试发现
8	RV0208	拷贝构造函数初始化风险	测试发现
9	RV0209	在非菱形结构中将基类声明为虚基类风险	测试发现
10	RV0210	多继承层级中可访问实体名称混淆风险	编译发现
11	RV0301	重载函数自动类型转换的风险	编译发现
12	RV0302	重载函数使用缺省变量值的风险	编译发现
13	RV0303	使用引用参数和传值调用参数重载函数的风险	编译发现
14	RV0304	运算符重载的二义性风险	编译发现
15	RV0305	逗号(,),与(&&)以及或(||)运算符重载的风险	编译发现
16	RV0306	单目运算符&重载的风险	测试发现
17	RV0307	虚函数按优先度调用风险	测试发现
18	RV0308	声明重载虚函数的风险	测试发现
19	RV0309	纯虚函数重载的风险	编译发现
20	RV0401	不同类型转换引起的精度损失风险	测试发现

续表

序　号	风险编号	风　险	备　注
21	RV0402	不相容指针进行转型风险	测试发现
22	RV0403	有符号数和无符号数之间的转换风险	测试发现
23	RV0501	通过静态成员函数访问非静态成员风险	编译发现
24	RV0502	通过类名调用静态成员函数和非静态成员函数风险	编译发现
25	RV0503	在类体中对静态成员赋值风险	编译发现
26	RV0504	使用类的静态成员变量风险	编译发现
27	RV0505	静态成员函数在类外实现时风险	编译发现
28	RV0506	静态变量或静态函数访问风险	编译发现
29	RV0601	滥用 try,throw,catch 风险	测试发现
30	RV0602	throw 和 catch 的异常类型未能严格匹配风险	测试发现
31	RV0603	throw 语句未被定义在 try 语句块中风险分析	测试发现
32	RV0604	在动态释放内存资源前抛出异常风险	测试发现
33	RV0605	抛出违反函数异常规格说明的异常风险	测试发现
34	RV0606	一个函数在不同编译单元中有不同的异常规范风险	测试发现
35	RV0607	抛出指针类型的异常风险	测试发现
36	RV0608	throw 语句中引发新的异常风险	测试发现
37	RV0609	显式地把 NULL 作为异常对象抛出风险	测试发现
38	RV0610	catch 语句块外使用空的 throw 语句风险	测试发现
39	RV0611	程序初始化阶段或终止阶段抛出异常风险	测试发现
40	RV0612	重新抛出同类型异常时带有异常变量风险	测试发现
41	RV0613	不恰当地捕获异常风险	测试发现
42	RV0614	类的构造函数和析构函数在 catch 中使用非静态成员风险	测试发现
43	RV0615	异常对象为类的对象时,捕获异常风险	测试发现
44	RV0616	类的析构函数退出后还有未处理的异常风险	测试发现
45	RV0617	终止函数被隐式调用风险	测试发现
46	RV0701	静态存储区与栈区的混淆风险	测试发现
47	RV0702	操作已经释放了的内存风险	测试发现
48	RV0703	失去已分配内存的地址风险	测试发现
49	RV0704	释放数组的方式错误风险	测试发现
50	RV0705	堆破碎风险	测试发现
51	RV0706	使用未分配成功的内存风险	测试发现

续表

序　号	风险编号	风　险	备　注
52	RV0707	引用已分配内存但未初始化变量风险	测试发现
53	RV0708	操作越过了内存的边界风险	测试发现
54	RV0709	对数组名进行直接复制与比较风险	测试发现
55	RV0710	用运算符 sizeof 计算数组的容量风险	测试发现
56	RV0711	指针参数申请动态内存风险	测试发现
57	RV0712	“野指针”风险	测试发现
58	RV0713	free()函数对指针的操作风险	测试发现
59	RV0714	对应的 new 和 delete 要采用相同的方式风险	测试发现
60	RV0715	析构函数里对指针成员调用 delete 风险	测试发现
61	RV0716	隐藏标准形式的 new 带来的风险	测试发现
62	RV0717	内存溢出风险	测试发现
63	RV0801	组合类构造函数使用错误风险	编译发现
64	RV0802	可能出现的重定义问题风险	测试发现
65	RV0803	互相包含的组合类风险	编译发现
66	RV0901	非成员泛型函数声明风险	测试发现
67	RV0902	单参数模板构造函数风险	测试发现
68	RV0903	模板赋值运算符有泛型参数时风险	测试发现
69	RV0904	声明与模板参数同名的全局变量风险	测试发现
70	RV0905	模板参数名与成员名同名风险	编译发现
71	RV0906	重复使用同名的模板参数名风险	编译发现
72	RV0907	名称使用风险	测试发现
73	RV0908	通过重载解析选择的函数解析风险	测试发现
74	RV0909	模板未实例化风险	测试发现
75	RV0910	模板专门化风险	测试发现
76	RV0911	模板声明风险	测试发现
77	RV0912	模板函数实例化风险	测试发现
78	RV0913	重载函数模板风险	测试发现
79	RV0914	模板函数特化风险	测试发现
80	RV1001	定义、修改标准库中保留的标识符、宏和函数风险	编译发现
81	RV1002	标准库宏和对象的名称重用风险	编译发现
82	RV1003	重写标准库函数的名称风险	测试发现
83	RV1004	使用库<ctime>中的时间处理函数风险	测试发现

续表

序 号	风险编号	风 险	备 注
84	RV1005	使用库<cstring>中的无界函数风险	测试发现
85	RV1006	使用宏 offsetof 风险	测试发现
86	RV1007	使用动态堆的内存分配风险	测试发现
87	RV1008	使用错误指示标记 errno 风险	测试发现
88	RV1009	使用输入输出库<cstdio>风险	测试发现
89	RV1101	未检测处理运行时错误风险	测试发现
90	RV1102	未对函数生成的错误进行测试风险	测试发现

注:全部风险 90 个,其中,编译发现 19 个,测试发现 71 个。

附录 B　面向对象语言 C++语言安全风险规避建议汇总表(见附表 B-1)

附表 B-1　面向对象语言 C++语言安全风险规避建议汇总表

类的封装与继承

建议编号	规避建议	建议类型
规避建议 AS0201	禁止指针类型转换成其他类型数据	慎用
规避建议 AS0202	使用成员限定表达式。例如,对于表达式 obj. A:: x,obj. A:: f()表示引用类 A 中的 x,f(),而对于表达式。obj. B:: x,obj. B:: f()表示引用类 B 中的 x,f()	慎用
规避建议 AS0203	使用名字支配原则。在类 C 中声明一个同名成员数据 x 和同名函数 f(),该名字 f 将支配类 A 及类 B 同名的成员 x,f。这时,表达式。obj. x 和 obj. f()将访问类 C 的 x 和 f()	慎用
规避建议 AS0204	禁止派生类直接继承基类一次以上	慎用
规避建议 AS0205	派生类对基类的成员变量或函数进行重定义时,必须保证它与基类对该变量的定义在语义上等价	慎用
规避建议 AS0206	必须保证处于同一层级的某一基类要么是虚基类,要么是非虚基类;禁止出现既是虚基类,又是非虚基类的情况,保证程序的安全性	慎用
规避建议 AS0207	常量类型的成员函数不返回非常量类型的指针或引用的数据	建议规避
规避建议 AS0208	禁止成员函数返回对于类数据的非常量的句柄	慎用
规避建议 AS0209	将无须修改的成员函数声明为 static 或 const 类型	慎用
规避建议 AS0210	对象的动态类型不允许在其构造函数或者析构函数体内被调用	慎用

续表

类的封装与继承		
规避建议 AS0211	拷贝构造函数只允许对基类以及它所在类的非静态成员进行初始化	慎用
规避建议 AS0212	只有在菱形结构中才允许将基类声明为虚基类，其他结构中禁止将基类声明为虚基类	慎用
规避建议 AS0213	在多继承层级中，可访问实体名称必须独立，不能混淆	慎用
多态性		
规避建议 AS0301	禁止变量的自动类型转换，所有用到的数据都为其设定具体的数据类型	慎用
规避建议 AS0302	禁止重载函数使用缺省变量值	建议规避
规避建议 AS0303	对相同函数进行重载时，要么都使用引用参数，要么都使用传值调用参数	建议规避
规避建议 AS0304	禁止运算符重载	建议规避
规避建议 AS0305	禁止重载逗号(,)，与(&&)以及或(||)运算符	建议规避
规避建议 AS0306	禁止重载单目运算符 &	慎用
规避建议 AS0307	在每一个继承路径上，虚函数只能有一个定义，防止按优先度调用	慎用
规避建议 AS0308	每一个重载的虚函数应该用关键字 virtual 来声明	建议规避
规避建议 AS0309	只有被声明为纯虚函数的虚函数，才能被纯虚函数重载	慎用
类型强制转换		
规避建议 AS0401	禁止将表示范围大的类型数据转换为比其表示范围小的类型，以确保数据的精度	建议规避
规避建议 AS0402	禁止不同类型指针之间的相互转换，以确保通过指针获取正确的数据	慎用
规避建议 AS0403	无符号数转化为有符号数	建议规避
规避建议 AS0404	有符号数转化为无符号数	建议规避
静态成员		
规避建议 AS0501	静态成员函数中不要使用非静态成员变量	慎用
规避建议 AS0502	最简单的方法就是将静态函数中用到的成员变量声明为静态成员变量	慎用
规避建议 AS0503	定义一个对象指针作为静态成员函数的“this”指针，模仿传递非静态成员函数里 this 变量，以达到访问类的非静态成员变量的目的	慎用
规避建议 AS0504	在没有给类分配空间时不要在静态成员函数中使用非静态成员变量	建议规避
规避建议 AS0505	不要通过类名来调用类的非静态成员，可以通过建立具体的类对象来调用静态成员函数和非静态成员函数	慎用

续表

类的封装与继承		
规避建议 AS0506	禁止在类中初始化静态成员变量	建议规避
规避建议 AS0507	在类外对类的静态成员变量进行初始化	慎用
规避建议 AS0508	类的静态成员变量必须先初始化再使用	慎用
规避建议 AS0509	静态成员函数在类外实现时,不能加 static 关键字	慎用
规避建议 AS0510	若变量需要在其他文件中访问,应当定义为全局变量而不应该定义为静态变量	慎用
异常管理		
规避建议 AS0601	禁止滥用 try,throw,catch 语句实现普通的流程转移。异常处理的本质是控制流程的转移,但异常机制是针对错误处理的,仅在代码可能出现异常的情况下使用,不能用来实现普通的流程转移	建议规避
规避建议 AS0602	异常抛出和异常捕获之间类型必须保持严格一致	慎用
规避建议 AS0603	程序员在程序中使用异常处理时,要严格按照异常匹配原则,有针对性的抛出异常,并且要确保在 catch 子序列中存在抛出的异常类型严格匹配的异常捕获程序与其对应	慎用
规避建议 AS0604	抛出异常的 throw 语句必须定义在相应的 try 语句块中,保证后边的 catch 语句块可以捕获此异常,并进行后续的处理	慎用
规避建议 AS0605	异常从抛出到捕获可能需要跨越几层函数调用,很难确定动态申请的内存资源是否已经释放,所以程序员在设计程序时应当明确程序各个模块的功能。特别是在使用动态资源时,要特别注意在构造函数中是否有异常被抛出,如果有,程序员应当慎用动态资源或者不用	慎用
规避建议 AS0606	如果一个函数声明时指定了异常类型,那么它只能抛出指定类型的异常	慎用
规避建议 AS0607	如果一个函数声明时指定了异常的类型,那么在其他编译单元里该函数声明必须有同样的指定。另外,函数原型中的异常声明要与实现中的异常声明一致	慎用
规避建议 AS0608	禁止抛出指针类型的异常。如果抛出的异常对象是动态创建的对象,那么此对象应该由哪一个函数来负责销毁,什么时候销毁都不清楚。	禁用
规避建议 AS0609	在编程过程中,必须保证抛出异常的 throw 语句中不会引发新的异常	禁用
规避建议 AS0610	禁止显式地将 NULL 作为异常对象抛出	建议规避
规避建议 AS0611	空的 throw 语句只能出现在 catch 语句块中,保证程序在捕获异常进行处理后,再抛出	建议规避
规避建议 AS0612	异常只能在初始化之后,而且程序结束之前抛出	禁用

续表

类的封装与继承		
规避建议 AS0613	在编程的过程中,程序员应当保证重新抛出的异常变量与其捕获的异常变量的数据类型一致,以避免造成后续程序不能对原异常变量进行正确的处理	慎用
规避建议 AS0614	在含有派生层次结构的异常处理程序中,应该将捕获基类异常的 catch 子句放在 catch 序列的末尾,以确保程序中抛出的基类与派生类异常都能够被恰当的捕获并进行正确的处理	慎用
规避建议 AS0615	若一个 try - catch 语句块或者 function - try - block 块有多个处理程序,处理程序的顺序应该是先派生类再基类	慎用
规避建议 AS0616	若一个 try - catch 语句块或者 function - try - block 块有多个处理程序时,catch()处理程序(捕获所有异常)应该放在最后。	慎用
规避建议 AS0617	禁止在类的构造函数和析构函数抛出的异常中使用非静态成员变量。若构造函数和析构函数中需要抛出异常和异常处理,则使用静态成员变量,以避免产生错误	慎用
规避建议 AS0618	若异常对象为类的对象时,应该通过引用来捕获	慎用
规避建议 AS0619	类的析构函数退出后不能有未处理的异常。析构函数应尽可能地避免抛出异常,如果的确无法避免,则析构函数自己应该包含处理所有可能抛出的异常的代码	禁用
规避建议 AS0620	禁止终止函数的隐式调用	禁用
内存管理		
规避建议 AS0701	注意区分静态存储区和栈区以及堆的区别	慎用
规避建议 AS0702	禁止任何形式的对已释放内存的操作行为	禁用
规避建议 AS0703	动态申请堆内存空间后,使用后或者没有使用的情况下,一定要将其释放	建议规避
规避建议 AS0704	释放数组内存空间的方式是 delete []p,注意其与 delete p 释放单个变量内存的区别,不能搞混	建议规避
规避建议 AS0705	一个防止堆破碎风险的方法是从不同固定大小的内存池中分配不同类型的对象。对每个类重载 new 和 delete 就提供了这样的控制	建议规避
规避建议 AS0706	常用解决办法是,在使用内存之前检查指针是否为 NULL。如果指针 p 是函数的参数,那么在函数的入口处用 assert(p! =NULL)进行检查。如果是用 malloc 或 new 来申请内存,应该用 if(p==NULL)或 if(p! =NULL)进行防错处理	慎用
规避建议 AS0707	使用已分配内存时,切记一定要进行初始化	慎用
规避建议 AS0708	在数组的使用过程中,一定要避免数组操作越界	慎用
规避建议 AS0709	可采用标准库函数 strcpy 对数组名进行复制,采用标准库函数 strcmp 对数组名进行比较	禁用

续表

类的封装与继承		
规避建议 AS0710	使用运算符 sizeof 可以计算出数组的容量(字节数),但是,当数组作为函数参数进行传递的时候,该数组将自动退化同类型的指针	慎用
规避建议 AS0711	如果非得要用指针参数去申请内存,那么应该改用"指向指针的指针"	慎用
规避建议 AS0712	由于"指向指针的指针"这个概念不容易理解,可以用函数返回值来传递动态内存	慎用
规避建议 AS0713	使用指针变量时,一定要对指针变量进行初始化,在指针被 free 或 delete 之后,一定要设置为 NULL,同时,要注意使用指针一定不能越界,禁止使用野指针	慎用
规避建议 AS0714	在 free()函数对指针进行操作后,必须将指针置为 NULL,以避免出现野指针的问题	慎用
规避建议 AS0715	如果程序员调用 new 时用了[],调用 delete 时也要用[];如果调用 new 时没有用[],那调用 delete 时也不要用[]	慎用
规避建议 AS0716	为了避免混乱,杜绝对数组类型用 typedefs。这其实很容易,因为标准 C++语言库包含有 stirng 和 vector 模板,减少对数组的使用。举例来说,addresslines 可以定义为一个字符串(string)的向量(vector),即 addresslines 可定义为 vector＜string＞类型	慎用
规避建议 AS0717	说到智能指针,这里介绍一种避免必须删除指针成员的方法,即把这些成员用智能指针对象来代替,比如 C++语言标准库里的auto_ptr	慎用
规避建议 AS0718	在类里写一个支持标准 new 调用方式的 operator new,它和标准 new 做同样的事。这可以用一个高效的内联函数来封装实现	慎用
规避建议 AS0719	每一个增加到 operator new 的参数提供缺省值	慎用
规避建议 AS0720	为了避免出现内存溢出的风险发生,在需要使用可能造成内存溢出风险的函数时,可使用相应的替换函数	慎用
组合类		
规避建议 AS0801	为避免此错误,Circle 类构造函数应使用构造函数初始化列表形式;或为 Point 类提供无参构造函数	慎用
规避建议 AS0802	使用条件编译,在 point.h 中增加以下指令: ifndef POINT_H #define POINT_H 在最后一行增加: #endif	慎用
规避建议 AS0803	用前向引用声明,在引用没有定义的类之前对该类进行声明,在其他的位置对其进行具体的定义	慎用
模板		

续表

类的封装与继承		
规避建议 AS0901	非成员泛型函数不要在相关命名空间中声明	慎用
规避建议 AS0902	当构造一个有单一泛型参数的模板函数时，必须声明一个复制构造函数	慎用
规避建议 AS0903	当一个模板赋值运算符有一个泛型参数时，应该声明一个拷贝赋值运算符	慎用
规避建议 AS0904	不要在全局域中声明与模板参数同名的变量	建议规避
规避建议 AS0905	成员名不要和模板参数名相同	建议规避
规避建议 AS0906	不要重复使用同名的模板参数名	建议规避
规避建议 AS0907	在一个具有依赖库的类模版中，任何能在依赖库中找到的名字应该使用合格的标记符或者 this－＞指针	慎用
规避建议 AS0908	为了在这些例子中避免 ADL，运算符不应该被重载，或者调用应该使用显式函数调用语法，并使用合格的名字或括号表达式	慎用
规避建议 AS0909	在使用模板进行软件开发时，要确保所有的类模板，函数模板，类模板成员函数和类模板静态成员最少实例化一次	慎用
规避建议 AS0910	对于任何给定的模板专门化，用专门化的模板参数显式实例化一个模板时，不应该致使程序不规范	慎用
规避建议 AS0911	一个模板的所有部分和显式特化应该在同一个文件中声明，作为它们主要模板的声明	慎用
规避建议 AS0912	允许函数模板参与重载，即可以用非模板函数重载一个同名的函数模板	慎用
规避建议 AS0913	重载函数模板不应该被显式特化。若一个模板不与别的模板重载，或者与非模板函数重载，则可以被或者特化，如果选择了主模板，显式特化将被考虑，这是与开发者的期望一致的	慎用
规避建议 AS0914	一个函数调用的可行函数集应该要么不包含函数特化，要么只包含函数特化	慎用
标准类库		
规避建议 AS1001	不要重新定义 C＋＋语言关键字或标准库中的宏、对象或函数名称	禁用
规避建议 AS1002	禁止对标准库宏和对象名重用	禁用
规避建议 AS1003	不要重写标准库函数的名称	禁用
规避建议 AS1004	禁止使用库＜ctime＞中的时间处理函数	禁用
规避建议 AS1005	禁止使用库＜cstring＞中的无界函数	禁用
规避建议 AS1006	禁止使用宏 offsetof	禁用
规避建议 AS1007	禁止使用动态堆的内存分配	禁用
规避建议 AS1008	禁止使用错误指示标记 errno	禁用

续表

类的封装与继承		
规避建议 AS1009	禁止使用输入输出库<cstdio>	禁用
运行时错误		
规避建议 AS1101	程序员在软件的开发过程之中,只要有任何发生运行时错误的可能性,就要添加动态检查的代码,及时检测处理运行时错误	慎用
规避建议 AS1102	如果一个函数生成错误信息,必须对此错误信息进行测试	慎用

注:全部规避建议 104 条,其中,建议规避 20 条,慎用 68 条,禁用 16 条。

附录C　面向对象语言C++语言安全风险类型表(见附表C-1)

附表 C-1　面向对象语言 C++语言安全风险类型表

序　号	风险编号	风　险	风险类型
1	RV0201	数据封装风险分析	缺陷级▲
2	RV0202	继承的二义性风险	缺陷级▲
3	RV0203	同一层级的某一基类既是虚基类又是非虚基类风险	缺陷级▲
4	RV0204	常量类型的成员函数返回非常量类型的指针风险	瑕疵级△
5	RV0205	成员函数返回类数据的非常量句柄风险	瑕疵级△
6	RV0206	未将无需修改的成员函数声明 static 或 const 类型风险	瑕疵级△
7	RV0207	构造函数或析构函数体内调用对象的动态类型风险	缺陷级▲
8	RV0208	拷贝构造函数初始化风险	缺陷级▲
9	RV0209	在非菱形结构中将基类声明为虚基类风险	缺陷级▲
10	RV0210	多继承层级中可访问实体名称混淆风险	缺陷级▲
11	RV0301	重载函数自动类型转换的风险	缺陷级▲
12	RV0302	重载函数使用缺省变量值的风险	瑕疵级△
13	RV0303	使用引用参数和传值调用参数重载函数的风险	缺陷级▲
14	RV0304	运算符重载的二义性风险	缺陷级▲
15	RV0305	逗号(,),与(&&)以及或(‖)运算符重载的风险	缺陷级▲
16	RV0306	单目运算符 & 重载的风险	缺陷级▲
17	RV0307	虚函数按优先度调用风险	缺陷级▲
18	RV0308	声明重载虚函数的风险	瑕疵级△
19	RV0309	纯虚函数重载的风险	缺陷级▲

续表

序　号	风险编号	风　险	风险类型
20	RV0401	不同类型转换引起的精度损失风险	瑕疵级△
21	RV0402	不相容指针进行转型风险	缺陷级▲
22	RV0403	有符号数和无符号数之间的转换风险	瑕疵级△
23	RV0501	通过静态成员函数访问非静态成员风险	瑕疵级△
24	RV0502	通过类名调用静态成员函数和非静态成员函数风险	缺陷级▲
25	RV0503	在类体中对静态成员赋值风险	瑕疵级△
26	RV0504	使用类的静态成员变量风险	瑕疵级△
27	RV0505	静态成员函数在类外实现时风险	瑕疵级△
28	RV0506	静态变量或静态函数访问风险	缺陷级▲
29	RV0601	滥用 try,throw,catch 风险	瑕疵级△
30	RV0602	throw 和 catch 的异常类型未能严格匹配风险	缺陷级▲
31	RV0603	throw 语句未被定义在 try 语句块中风险分析	缺陷级▲
32	RV0604	在动态释放内存资源前抛出异常风险	缺陷级▲
33	RV0605	抛出违反函数异常规格说明的异常风险	缺陷级▲
34	RV0606	一个函数在不同编译单元中有不同的异常规范风险	缺陷级▲
35	RV0607	抛出指针类型的异常风险	缺陷级▲
36	RV0608	throw 语句中引发新的异常风险	缺陷级▲
37	RV0609	显式地把 NULL 作为异常对象抛出风险	瑕疵级△
38	RV0610	catch 语句块外使用空的 throw 语句风险	缺陷级▲
39	RV0611	程序初始化阶段或终止阶段抛出异常风险	严重级★
40	RV0612	重新抛出同类型异常时带有异常变量风险	缺陷级▲
41	RV0613	不恰当地捕获异常风险	缺陷级▲
42	RV0614	类的构造函数和析构函数在 catch 中使用非静态成员风险	缺陷级▲
43	RV0615	异常对象为类的对象时,捕获异常风险	缺陷级▲
44	RV0616	类的析构函数退出后还有未处理的异常风险	严重级★
45	RV0617	终止函数被隐式调用风险	缺陷级▲
46	RV0701	静态存储区与栈区的混淆风险	瑕疵级△
47	RV0702	操作已经释放了的内存风险	缺陷级▲
48	RV0703	失去已分配内存的地址风险	瑕疵级△
49	RV0704	释放数组的方式错误风险	瑕疵级△
50	RV0705	堆破碎风险	瑕疵级△

续表

序 号	风险编号	风 险	风险类型
51	RV0706	使用未分配成功的内存风险	缺陷级▲
52	RV0707	引用已分配内存但未初始化变量风险	缺陷级▲
53	RV0708	操作越过了内存的边界风险	缺陷级▲
54	RV0709	对数组名进行直接复制与比较风险	缺陷级▲
55	RV0710	用运算符 sizeof 计算数组的容量风险	瑕疵级△
56	RV0711	指针参数申请动态内存风险	缺陷级▲
57	RV0712	“野指针”风险	缺陷级▲
58	RV0713	free()函数对指针的操作风险	瑕疵级△
59	RV0714	对应的 new 和 delete 要采用相同的方式风险	缺陷级▲
60	RV0715	析构函数里对指针成员调用 delete 风险	瑕疵级△
61	RV0716	隐藏标准形式的 new 带来的风险	缺陷级▲
62	RV0717	内存溢出风险	缺陷级▲
63	RV0801	组合类构造函数使用错误风险	瑕疵级△
64	RV0802	可能出现的重定义问题风险	缺陷级▲
65	RV0803	互相包含的组合类风险	瑕疵级△
66	RV0901	非成员泛型函数声明风险	缺陷级▲
67	RV0902	单参数模板构造函数风险	缺陷级▲
68	RV0903	模板赋值运算符有泛型参数时风险	缺陷级▲
69	RV0904	声明与模板参数同名的全局变量风险	瑕疵级△
70	RV0905	模板参数名与成员名同名风险	瑕疵级△
71	RV0906	重复使用同名的模板参数名风险	瑕疵级△
72	RV0907	名称使用风险	瑕疵级△
73	RV0908	通过重载解析选择的函数解析风险	瑕疵级△
74	RV0909	模板未实例化风险	瑕疵级△
75	RV0910	模板专门化风险	瑕疵级△
76	RV0911	模板声明风险	瑕疵级△
77	RV0912	模板函数实例化风险	瑕疵级△
78	RV0913	重载函数模板风险	瑕疵级△
79	RV0914	模板函数特化风险	瑕疵级△
80	RV1001	定义、修改标准库中保留的标识符、宏和函数风险	缺陷级▲
81	RV1002	标准库宏和对象的名称重用风险	瑕疵级△
82	RV1003	重写标准库函数的名称风险	瑕疵级△

续表

序　号	风险编号	风　险	风险类型
83	RV1004	使用库＜ctime＞中的时间处理函数风险	缺陷级▲
84	RV1005	使用库＜cstring＞中的无界函数风险	瑕疵级△
85	RV1006	使用宏 offsetof 风险	瑕疵级△
86	RV1007	使用动态堆的内存分配风险	缺陷级▲
87	RV1008	使用错误指示标记 errno 风险	瑕疵级△
88	RV1009	使用输入输出库＜cstdio＞风险	瑕疵级△
89	RV1101	未检测处理运行时错误风险	瑕疵级△
90	RV1102	未对函数生成的错误进行测试风险	瑕疵级△

注：面向对象语言 C＋＋语言安全风险类型按照以下规则划分：

严重级风险（★）；缺陷级风险（▲）；瑕疵级风险（△）。

总共 90 个风险，其中，瑕疵级 41 个，缺陷级 47 个，严重级 2 个。

附录D　术　语

为了方便读者对本文档的正确理解，下述对文中出现的专业术语给予标准的解释，目的是达到理解上的统一，避免出现一词多义和多词同义现象的出现。

1. 严重级风险

严重级风险的风险危害较大，若出现严重级风险，将会导致严重的后果。

2. 缺陷级风险

缺陷级风险有一定的风险，但可以在充分的论证后，在一定的条件约束下也可以避免，可根据具体的环境谨慎使用。

3. 瑕疵级风险

瑕疵级风险有一定的风险，但是风险危害较小，建议规避，若违反，发生风险，也不会造成严重的危害的风险。

4. 禁用

禁用的风险危害较大，若违反，可能导致严重的后果。

5. 慎用

慎用有风险，必须经过充分的论证，在一定的约束条件下可使用，根据具体的环境谨慎使用。

6. 建议规避

建议规避有风险，但风险危害较小，建议规避，若违反，也不会造成严重的危害。

7. 构造函数

构造函数创建对象时初始化对象，其命名必须和类名完全相同，而一般方法则不能和类名相同。

8. ADL

ADL是依赖参数的查找的缩写。

9. 集合

一个数组是一个集合。如果满足以下所有条件,则这个类是一个集合:

(1)没有用户声明的构造函数;

(2)没有私有的或保护的非静态数据成员;

(3)没有基类;

(4)没有虚函数。

10. 类数据

一个类的类数据是所有非静态成员数据和在构造函数中获取的资源或在析构函数中释放的资源。

11. 编码

编码由任何不受条件编译排除的编译单元组成。注释和编码都包括一些编译器引入的任何声明和定义(比如默认构造函数等)。

12. 兼容类型

兼容类型是为了声明匹配,被视为相同。如在same. Two相同类型兼容而是两个兼容的类型不必相同处理的类型。两个相同类型是兼容的但两个兼容的类型不是相同的。比如,short int和short是兼容的。

13. 函数集

一个函数集是:

(1)一个函数;

(2)一个函数重载集。

14. 泛型函数

一个函数模板或操作符模板,可以没有明确的模板参数,其参数为内置－in型或者是通用的参数来调用。比如:

Template <typename T> void f(T const & t)

15. 主模板

主模板是第一个定义的模板。

16. 资源

资源是一个实体,其生存期由开发商控制,开发商负责获得和释放资源。